Klasse 7-10

Hans-J. Schmidt



# Terme und Gleichungen

... von Anfang an

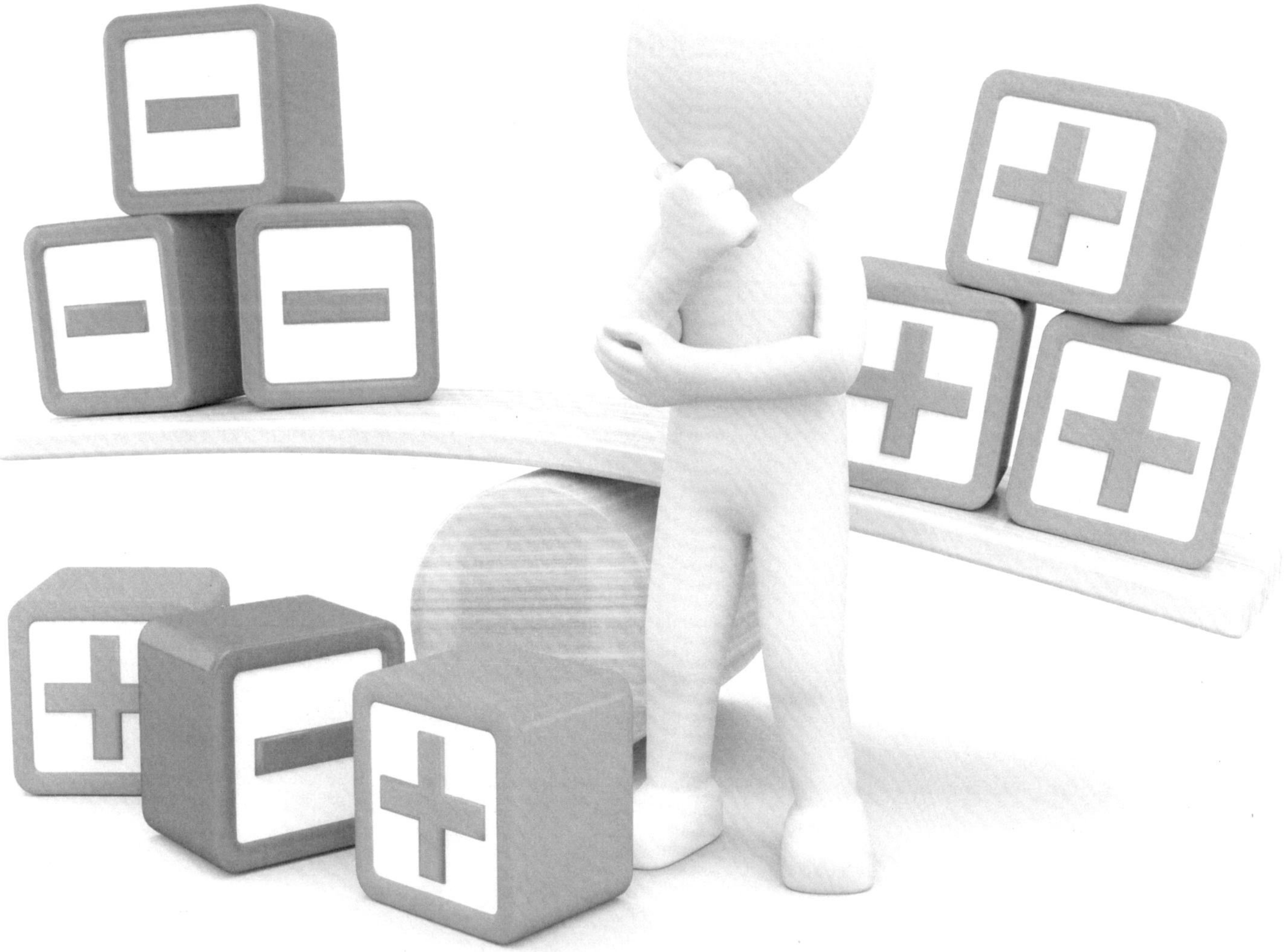

Regeln, Aufgaben, Rätsel, Tricks und Hilfen ...

# Terme und Gleichungen

## ... von Anfang an

9. Auflage 2025



Inhalt: Hans J. Schmidt
Umschlagbilder: © ornitozavr & fotomek - fotolia.com
Cliparts: © clipart.com
Redaktion: Kohl-Verlag
Grafik & Satz: Kohl-Verlag
Druck: Druckerei Flock, Köln

**Bestell-Nr. 12 008**

**ISBN: 978-3-96040-158-2**



Kontakt: Kohl-Verlag, An der Brennerei 37-45, 50170 Kerpen
Tel: +49 2275 331610, Mail: info@kohlverlag.de

# Inhaltsverzeichnis



KOHL VERLAG **Terme und Gleichungen von Anfang an - Bestell-Nr. 12 008**

# Vorbemerkungen

Die Lern- und Übungskartei zum »Lösen von Gleichungen« ist eine Übungsserie zum Stoffgebiet der Gleichungen (Klasse 7/8 der Sekundarstufe I). Anhand des Waagemodells wird das Lösen von Gleichungen anschaulich dargestellt und vermittels vielfältiger Aufgaben eingeübt.
Rätsel dienen zur Vertiefung des Erlernten und erhalten die Motivation.
In dieser Übungsserie werden die elementaren Rechenregeln vorgestellt und Hilfen und Tricks für das Lösen von Gleichungen vorgestellt.
Die Aufgabenblätter sind durch eine Falzlinie unterteilt. Unterhalb dieses Falzes befinden sich die Lösungen der Aufgaben. Es empfiehlt sich daher, die Aufgabenblätter entlang der eingezeichneten Linie zu falzen und gegebenenfalls aneinander zu kleben bzw. zu laminieren.
Je zwei DIN A4-Karten können zusammengestellt und kopiert werden.
Die Karten eignen sich auch gut für die Wochenplan- und Freiarbeit.

Viel Freude und Erfolg mit den Kopiervorlagen wünschen Ihnen

der Kohl-Verlag und *Hans J. Schmidt*

# Übersicht der benutzten Begriffe

| | |
|---|---|
| **äquivalent** | Wird eine Gleichung (oder Ungleichung) in eine andere umgeformt und bleibt dabei die Lösungsmenge gleich, dann heißen die Gleichungen (oder Ungleichungen) äquivalent (lat.: *gleichwertig*). |
| **Binomische Formeln** | sind allgemeingültige Gleichungen<br>$(a + b)^2 = a^2 + 2ab + b^2$<br>$(a - b)^2 = a^2 - 2ab + b^2$<br>$(a + b) \cdot (a - b) = a^2 - b^2$ |
| **Erweitern** | heißt, Zähler und Nenner einer Bruchzahl mit derselben Zahl zu multiplizieren. |
| **Gleichnamig** | Bruchzahlen heißen gleichnamig, wenn sie denselben Nenner besitzen. |
| **Term** | Als Term bezeichnet man mathematische Ausdrücke, die sich zum Rechnen eignen. Terme können sein: Zahlen, Variablen oder Verknüpfungen von Zahlen und Variablen. |
| **Gleichungen und Ungleichungen** | Bei Gleichungen und Ungleichungen stehen auf der rechten und linken Seite Terme. |
| **Gleichwertige Terme** | Terme sind gleichwertig, wenn man beim Einsetzen von gleichen Zahlenwerten für die einzelnen Variablen gleiche Ergebnisse erhält. |
| **Ungleichung** | Eine Ungleichung erkennt man an den Zeichen > oder <. |
| **Variable** | Als Variable (Platzhalter) werden in Termen oder Gleichungen meistens Kleinbuchstaben wie x, y oder z benutzt. Diese Variablen halten den Platz frei für Zahlen aus einer Grundmenge. |
| **Unbekannte** | In Gleichungen bezeichnet man diese Platzhalter häufig auch als Unbekannte. Ersetzt man in Gleichungen oder Ungleichungen Zahlenwerte durch Variable (z. B. $y = 2x$ durch $y = ax$), dann heißt die neue Variable a **Formvariable**, x heißt **Lösungsvariable**. |
| **Natürliche Zahlen** | Natürliche Zahlen sind Zahlen wie 1, 2, 3, 4, 5, ... |
| **Rationale Zahlen** | Rationale Zahlen sind Zahlen wie 0,2; 1,6 oder $\frac{1}{5}$, aber natürlich gehören auch Zahlen wie – 1; – 3,7; + 4 oder 0,125 dazu. |

# 1 Lehrerzeugnis

Wie Zeugnisse aussehen, brauche ich dir nicht zu erklären. Sie sehen so ungefähr aus wie dieses besondere Zeugnis für Lehrer. Du siehst, dass überall dort, wo etwas eingetragen werden soll, ein Kästchen vorgesehen ist:

**ZEUGNIS**
**für Lehrer**

Name: Schuljahr:

Bewertet wird der Unterricht in Klasse:

Betragen:
Ordnung:
Fleiß:
Wissen:
Aussehen:
Auftreten:
Humor:
Anstand:
Bemerkungen:
Gesamturteil:

Die Schüler/innen der Klasse:

Diese Kästchen halten den Platz frei für Zensuren wie 2, 3, 4, Namen wie Meier, Schulze, Schmidt oder Klassen wie 6a, 9c oder 10 MP.
In der Mathematik braucht man auch Kästchen oder Zeichen, die den Platz freihalten für Namen oder Zahlen.
Meistens verwendet man Buchstaben wie x, y, a, b und nennt diese Buchstaben **Platzhalter** oder **Variable**.
Variable heißt veränderliche Größe.
Warum veränderlich?
Nimm als Beispiel dieses Zeugnis. Genau wie deine Zeugnisse auch wird sich das Zeugnis für einen Lehrer von Jahr zu Jahr ändern, es sei denn, er erbringt immer konstante Leistungen, was sehr unwahrscheinlich ist.

**ZEUGNIS**
**für Lehrer**

Name: **Schmidt** Schuljahr: **15/16**

Bewertet wird der Unterricht in Klasse: **6b**

| | |
|---|---|
| Betragen: | **2** |
| Ordnung: | **2** |
| Fleiß: | **2** |
| Wissen: | **1** |
| Aussehen: | **3** |
| Auftreten: | **2** |
| Humor: | **2** |
| Anstand: | **2** |
| Bemerkungen: | **keine** |
| Gesamturteil: | **2** |

Die Schüler/innen der Klasse: **6b**

KOHL VERLAG Terme und Gleichungen von Anfang an - Bestell-Nr. 12 008

## 2 Hier ist für den Platzhalter reserviert

In der Mathematik verwendet man meistens die Buchstaben a, b, x und y, um anzuzeigen, dass hier ein Plätzchen freigehalten wird für Zahlen.
Das kennst du aber schon aus Klasse 5, weil du dort mit Symbolen wie ○, □, △ gearbeitet hast.
Stelle einmal schnell fest, für wen die Plätze hier freigehalten werden.
Vielleicht merkst du ganz schnell, welche Zahlen sich in die Kästchen setzen dürfen.

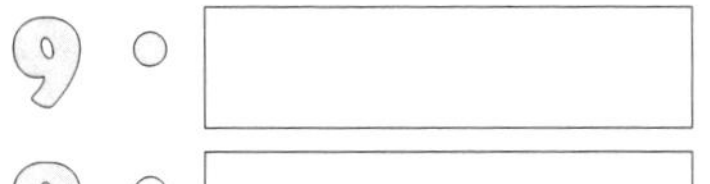

□

*Hier darf sich nicht jede x-beliebige Zahl hinsetzen, hier dürfen nur die sitzen, für die der Platz reserviert ist.*

$9 \cdot \square + 1 = 1$

$9 \cdot \square + 2 = 11$

$9 \cdot \square + 3 = 111$

$9 \cdot \square + 4 = 1111$

$9 \cdot \square + 5 = 11111$

$9 \cdot \square + 6 = 111111$

$9 \cdot \square + 7 = 1111111$

$9 \cdot \square + 8 = 11111111$

$9 \cdot \square + 9 = 111111111$

$9 \cdot \square + 10 = 1111111111$

KOHL VERLAG Terme und Gleichungen von Anfang an - Bestell-Nr. 12 008

---

## 2

$9 \cdot 0 + 1 = 1$

$9 \cdot 1 + 2 = 11$

$9 \cdot 12 + 3 = 111$

$9 \cdot 123 + 4 = 1111$

$9 \cdot 1234 + 5 = 11111$

$9 \cdot 12345 + 6 = 111111$

$9 \cdot 123456 + 7 = 1111111$

$9 \cdot 1234567 + 8 = 11111111$

$9 \cdot 12345678 + 9 = 111111111$

$9 \cdot 123456789 + 10 = 1111111111$

KOHL VERLAG Terme und Gleichungen von Anfang an - Bestell-Nr. 12 008

# 3 Platzhalter gefragt

Setze in den 20 Aufgaben für den Platzhalter ❑ eine geeignete Zahl ein.
Diese Zahl findest du ganz sicherlich in dem Silbenschema.
Wenn du dann die Silben ordnest, erhältst du einen Lösungsspruch.

1. ❑ + 39 = 87
2. 98 + ❑ = 105
3. 286 – ❑ = 267
4. ❑ – 19 = 60
5. ❑ + 29 = 100
6. 145 : ❑ = 5
7. 254 : ❑ = 2
8. ❑ : 3 = 81
9. ❑ : 11 = 8
10. ❑ – 43 = 43
11. 76 – ❑ = 35
12. ❑ + 287 = 598
13. 125 + ❑ = 178
14. ❑ – 17 = 17
15. ❑ : 4 = 4
16. ❑ – 28 = 66
17. 27 : ❑ = 3
18. ❑ : 19 = 4
19. ❑ + 123 = 190
20. 27 : ❑ = 9

| | | | | |
|---|---|---|---|---|
| 127 aos | 243 ab | 311 nn | 19 sind | 71 das |
| 29 ch | 34 ni | 76 all | 88 er | 94 üb |
| 9 er | 67 se | 86 wir | 53 en | 79 ist |
| 16 cht | 41 kö | 7 wir | 3 in | 48 wo |

| 1. | 2. | 3. | 4. | 5. | 6. | 7. | 8. | 9. | 10. |
|---|---|---|---|---|---|---|---|---|---|
| | | | | | | | | | |
| **11.** | **12.** | **13.** | **14.** | **15.** | **16.** | **17.** | **18.** | **19.** | **20.** |
| | | | | | | | | | |

Terme und Gleichungen von Anfang an - Bestell-Nr. 12 008
KOHL VERLAG

Setze in den 20 Aufgaben für den Platzhalter ❑ eine geeignete Zahl ein.
Diese Zahl findest du ganz sicherlich in dem Silbenschema.
Wenn du dann die Silben ordnest, erhältst du einen Lösungsspruch.

1. ❑ + 39 = 87
2. 98 + ❑ = 105
3. 286 – ❑ = 267
4. ❑ – 19 = 60
5. ❑ + 29 = 100
6. 145 : ❑ = 5
7. 254 : ❑ = 2
8. ❑ : 3 = 81
9. ❑ : 11 = 8
10. ❑ – 43 = 43
11. 76 – ❑ = 35
12. ❑ + 287 = 598
13. 125 + ❑ = 178
14. ❑ – 17 = 17
15. ❑ : 4 = 4
16. ❑ – 28 = 66
17. 27 : ❑ = 3
18. ❑ : 19 = 4
19. ❑ + 123 = 190
20. 27 : ❑ = 9

| | | | | |
|---|---|---|---|---|
| 127 aos | 243 ab | 311 nn | 19 sind | 71 das |
| 29 ch | 34 ni | 76 all | 88 er | 94 üb |
| 9 er | 67 se | 86 wir | 53 en | 79 ist |
| 16 cht | 41 kö | 7 wir | 3 in | 48 wo |

| 1. wo | 2. wir | 3. sind | 4. ist | 5. das | 6. ch | 7. aos | 8. ab | 9. er | 10. wir |
|---|---|---|---|---|---|---|---|---|---|
| 11. kö | 12. nn | 13. en | 14. ni | 15. cht | 16. üb | 17. er | 18. all | 19. se | 20. in |

*Wo wir sind, ist das Chaos, aber wir können nicht überall sein.*

Terme und Gleichungen von Anfang an - Bestell-Nr. 12 008
KOHL VERLAG

# Was – zum Donner – sind Terme?

Als **Term** (*lat.* Glied einer Formel) bezeichnet man <u>sinnvolle</u> Ausdrücke mit einer Zahl, einer Variablen oder Zahlen und Variablen, die durch Rechenzeichen oder Klammern verbunden sind.
Sie müssen sich zum Rechnen eignen.
Aber Vorsicht!
Nicht alles, was nach einem Term aussieht, ist auch einer.
Schmeiße alle Ausdrücke heraus, die keine Terme sind.
Die übrig gebliebenen Buchstaben auf dem Kreis ergeben ein langes Lösungswort.
Wie heißt es?

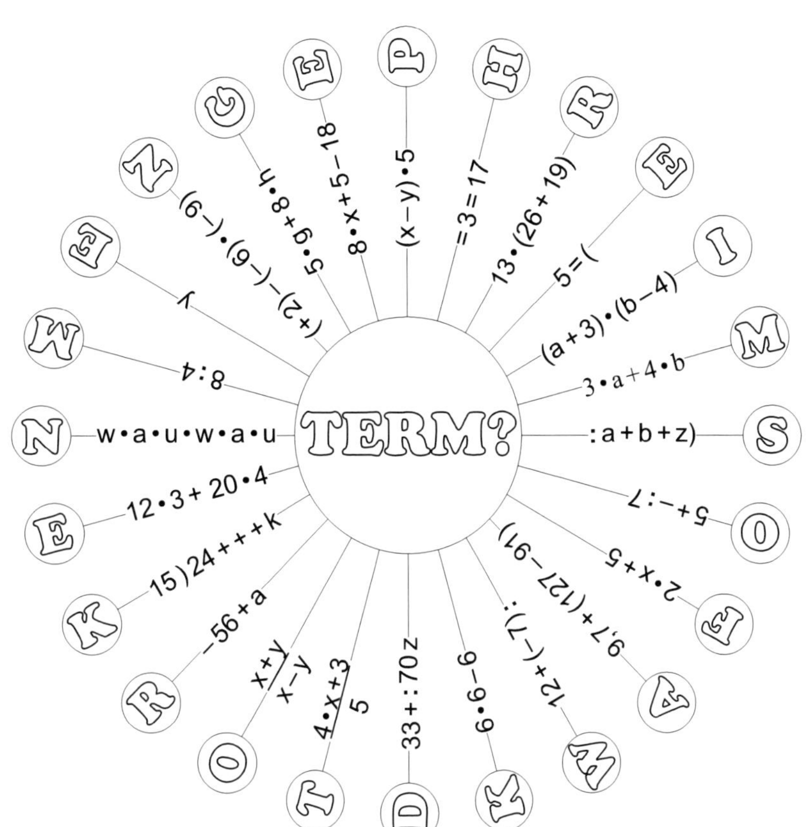


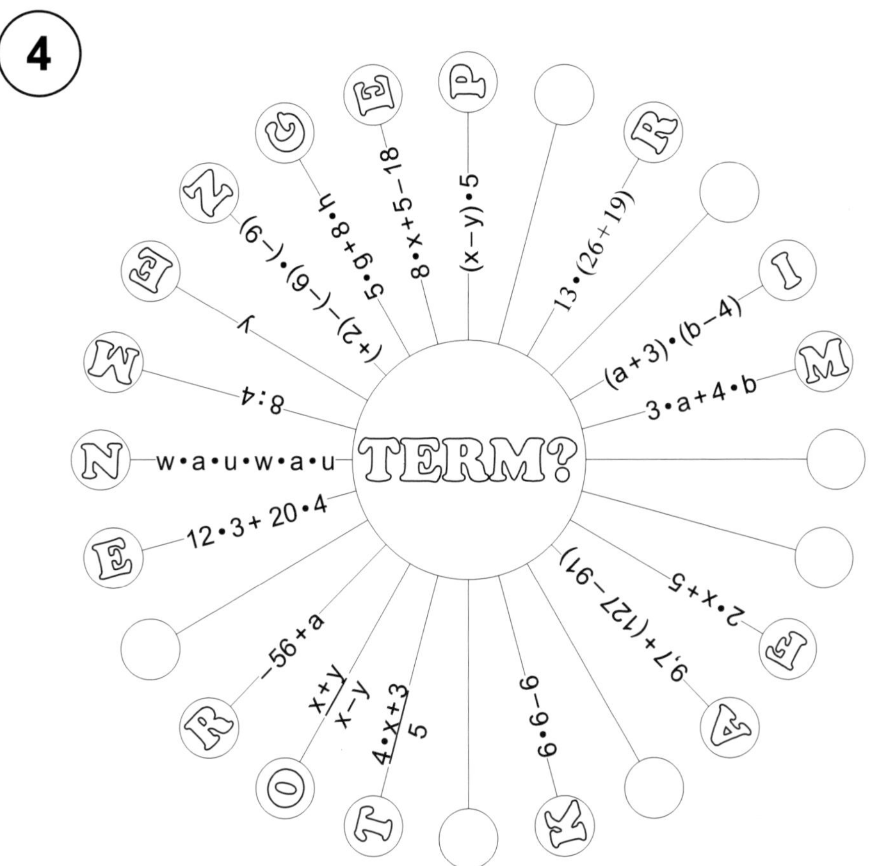

PRIMFAKTORENMENGE

KOHL VERLAG Terme und Gleichungen von Anfang an - Bestell-Nr. 12 008

# 5 Terme – wofür sind sie gut?

Man kann Variable a, b, c, usw. auch benutzen, um Strecken darzustellen.

Hier ist die Strecke a viermal aneinander gelegt worden.

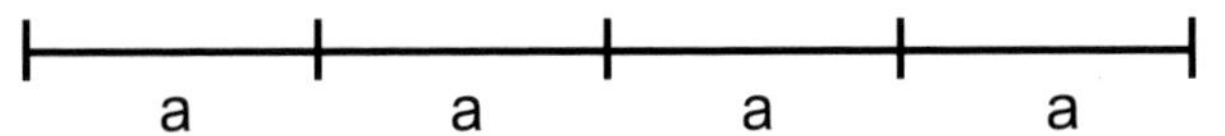


Die Gesamtstrecke ist also a + a + a + a oder 4 • a.
Knickt man diese Strecken einzeln um, so lässt sich auch ein Term für den Umfang eines Quadrates erstellen.

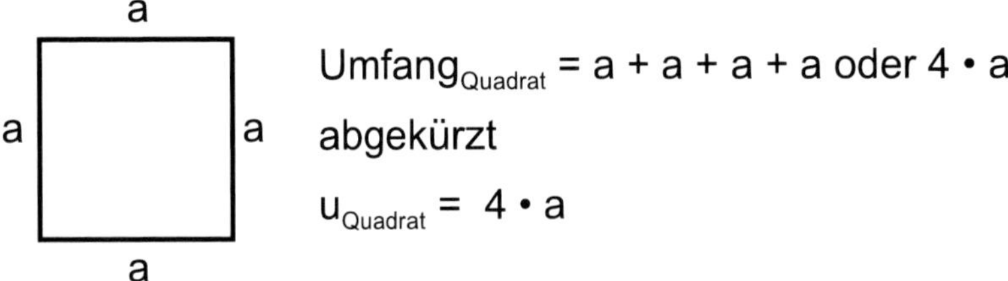


$Umfang_{Quadrat}$ = a + a + a + a oder 4 • a

abgekürzt

$u_{Quadrat}$ = 4 • a

Gib einmal Terme an für die Umfänge der abgebildeten Figuren.

a)

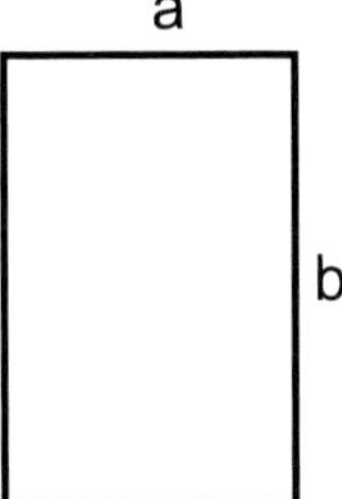


b)

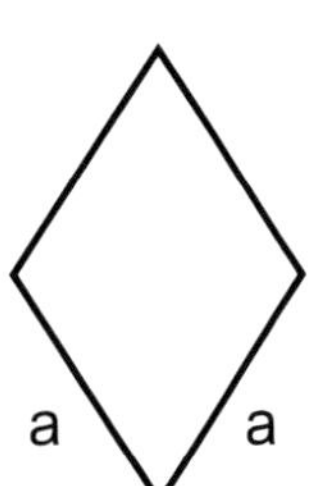


c)

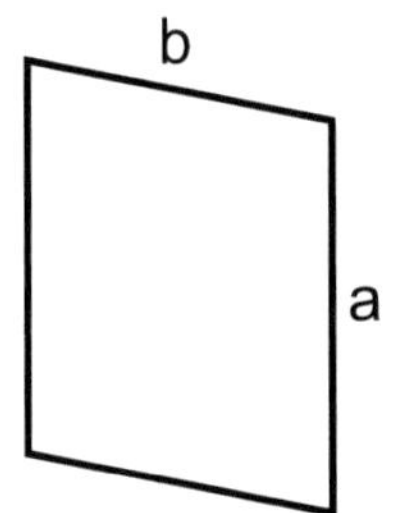


d)

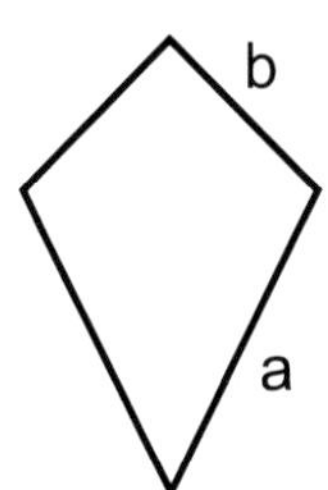


e)

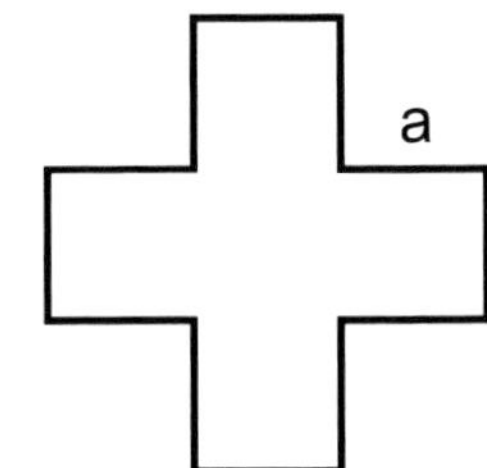


---

Gib einmal Terme an für die Umfänge der abgebildeten Figuren.

a)

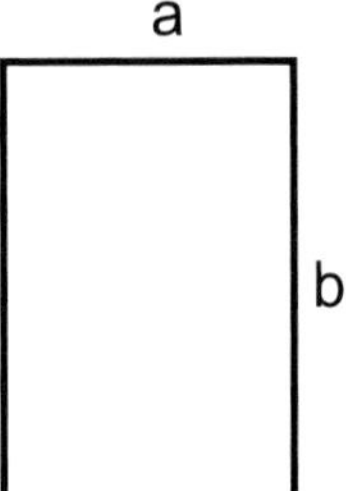


$u_{Rechteck}$ = a + b + a + b
$u_{Rechteck}$ = 2 • a + 2 • b

b)

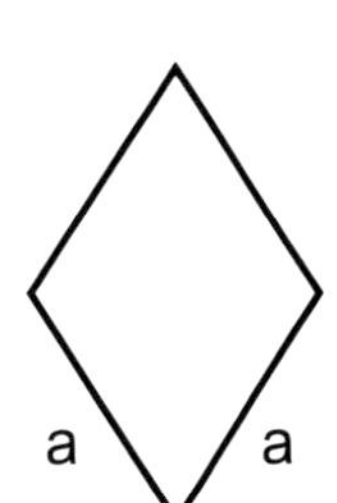


$u_{Raute}$ = a + a + a + a
$u_{Raute}$ = 4 • a

c)

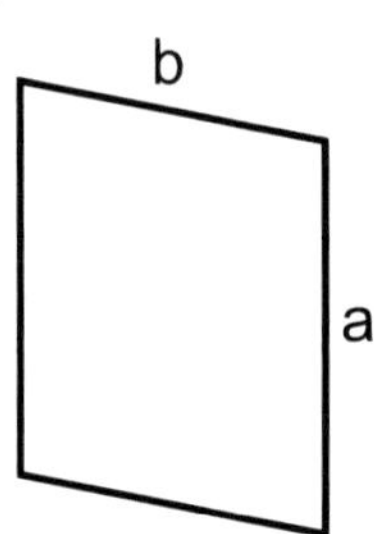


$u_{Parallelogramm}$ = a + b + a + b
$u_{Parallelogramm}$ = 2 • a + 2 • b

d)

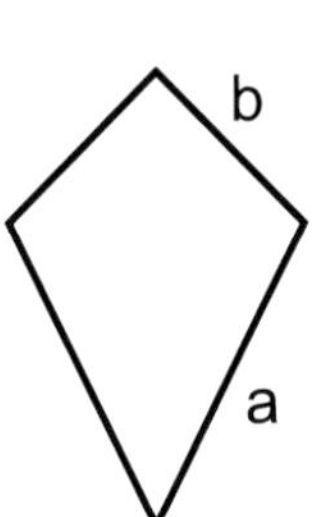


$u_{Drachen}$ = a + b + a + b
$u_{Drachen}$ = 2 • a + 2 • b

e)

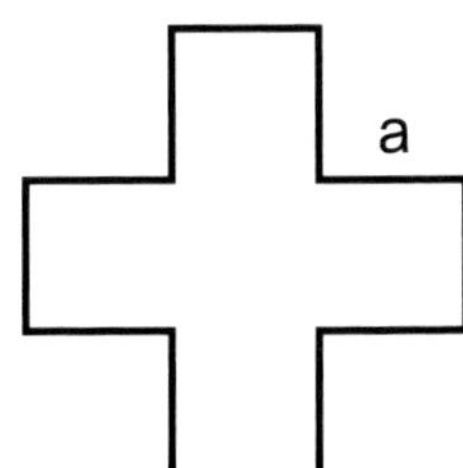


u = a + a + a + a +.... + a
u = 12 • a

KOHL VERLAG Terme und Gleichungen von Anfang an - Bestell-Nr. 12 008

KOHL VERLAG Terme und Gleichungen von Anfang an - Bestell-Nr. 12 008

# 6 Terme haben Werte

Termen, die nur aus Zahlen und Rechenzeichen bestehen, kann man einen **Wert** zuordnen. Das ist einfach. Man muss den Term nur ausrechnen. Das hast du schon oft gemacht. Der Term (9 + 7) • 3 hat den Wert 48. Rechne schnell nach.
Welchen Wert haben die folgenden Terme?
Beachte dabei, dass gilt: **Punkt- vor Strichrechnung**.

| | | |
|---|---|---|
| **a)** | 5 • 18 + 23 • 7 | **Wert?** |
| **b)** | 5 • (23 – 9) + 27 • 4 | **Wert?** |
| **c)** | (15 + 3) • (26 – 15) | **Wert?** |
| **d)** | 4 • (6 + 3) • 5 | **Wert?** |
| **e)** | 3 + 5 • 7 + 26 : 2 | **Wert?** |
| **f)** | (17 + 4) – (– 5 – 23) | **Wert?** |
| **g)** | 25 – (34 + 27 + 43) | **Wert?** |
| **h)** | 2,38 • 1,4 – 4,6 • 9 | **Wert?** |
| **i)** | $3\frac{5}{6} + 5\frac{3}{4}$ | **Wert?** |
| **j)** | (0,2 + 3,6) – 5 • (7,4 – 3,8) | **Wert?** |
| **k)** | 123 : 3 – 46 • 5 | **Wert?** |
| **l)** | 87 • (15 – 2 • 3) | **Wert?** |
| **m)** | 11 • 2 • 7 + 23 • (– 6) | **Wert?** |

| | | |
|---|---|---|
| **a)** | 5 • 18 + 23 • 7 | **Wert 251** |
| **b)** | 5 • (23 – 9) + 27 • 4 | **Wert 178** |
| **c)** | (15 + 3) • (26 – 15) | **Wert 198** |
| **d)** | 4 • (6 + 3) • 5 | **Wert 180** |
| **e)** | 3 + 5 • 7 + 26 : 2 | **Wert 51** |
| **f)** | (17 + 4) – (– 5 – 23) | **Wert 49** |
| **g)** | 25 – (34 + 27 + 43) | **Wert – 79** |
| **h)** | 2,38 • 1,4 – 4,6 • 9 | **Wert – 38,068** |
| **i)** | $3\frac{5}{6} + 5\frac{3}{4}$ | **Wert** $9\frac{7}{12}$ |
| **j)** | (0,2 + 3,6) – 5 • (7,4 – 3,8) | **Wert – 14,2** |
| **k)** | 123 : 3 – 46 • 5 | **Wert – 189** |
| **l)** | 87 • (15 – 2 • 3) | **Wert 783** |
| **m)** | 11 • 2 • 7 + 23 • (– 6) | **Wert 16** |

# Term – richtiger Wert, oder?

Sicherlich schaffst du es dank deiner Kopfrechenkünste herauszufinden, ob das mit den angegebenen Werten auch immer stimmt. Kreuze den entsprechenden Buchstaben bei richtig oder falsch an. Schreibe auf jeden Fall den richtigen Wert hin. Es ergibt sich - von oben nach unten gelesen - ein Lösungswort.

| | richtig | falsch |
|---|---|---|
| 17 • 8 + 138 hat den Wert 374 | K | Z |
| 23 • 6 + 212 hat den Wert 350 | E | A |
| 13 • 9 – 86 hat den Wert 31 | I | L |
| 26 • 6 – 98 hat den Wert 68 | E | T |
| 42 • 7 + 119 hat den Wert 413 | A | N |
| 18 • 9 – 48 hat den Wert 116 | D | B |
| 37 • 8 + 123 hat den Wert 157 | E | S |
| 21 • 12 – 108 hat den Wert 144 | C | R |
| 29 • 4 + 36 hat den Wert 152 | H | M |
| 34 • 7 + 89 hat den Wert 327 | N | O |
| 46 • 6 – 136 hat den Wert 160 | N | I |
| 52 • 7 + 216 hat den Wert 580 | T | A |
| 33 • 6 – 38 hat den Wert 150 | S | T |

| | richtig | falsch |
|---|---|---|
| 17 • 8 + 138 hat den Wert 374 (274) | | Z |
| 23 • 6 + 212 hat den Wert 350 | E | |
| 13 • 9 – 86 hat den Wert 31 | I | |
| 26 • 6 – 98 hat den Wert 68 (58) | | T |
| 42 • 7 + 119 hat den Wert 413 | A | |
| 18 • 9 – 48 hat den Wert 116 (114) | | B |
| 37 • 8 + 123 hat den Wert 157 (419) | | S |
| 21 • 12 – 108 hat den Wert 144 | C | |
| 29 • 4 + 36 hat den Wert 152 | H | |
| 34 • 7 + 89 hat den Wert 327 | N | |
| 46 • 6 – 136 hat den Wert 160 (140) | | I |
| 52 • 7 + 216 hat den Wert 580 | T | |
| 33 • 6 – 38 hat den Wert 150 (160) | | T |

ZEITABSCHNITT

# 8 Term mit Variablen

Termen, in denen eine Variable enthalten ist, kann man erst einen Wert zuordnen, wenn man weiß, welchen Wert die Variable annehmen soll.
Fülle einmal dieses Kreuzahlrätsel aus.

**Waagerecht**

| | | |
|---|---|---|
| A) | $143 \cdot a$ | $a = 4$ |
| C) | $4 \cdot b$ | $b = 37$ |
| G) | $17 \cdot a + 313$ | $a = 32$ |
| J) | $a \cdot (672 + 677)$ | $a = 32$ |
| M) | $23 + 17 \cdot a$ | $a = 4$ |
| N) | $140 \cdot b$ | $b = 0{,}5$ |
| O) | $3 \cdot 7 \cdot x + 12$ | $x = 30$ |
| P) | $2 \cdot 2 \cdot 2 \cdot 2 \cdot 2 \cdot y$ | $y = 16$ |

**Senkrecht**

| | | |
|---|---|---|
| A) | $17 \cdot b + 431$ | $b = 5$ |
| B) | $(-23) \cdot y + 4$ | $y = -3$ |
| D) | $172 \cdot x$ | $x = 0{,}25$ |
| E) | $(-13753) : a$ | $a = -17$ |
| F) | $3139{,}5 : z$ | $z = 0{,}125$ |
| G) | $95 \cdot k - 16$ | $k = 9$ |
| H) | $(-3052) : s$ | $s = -4$ |
| K) | $(19 + 56) \cdot m - 79$ | $m = 13$ |
| L) | $100 : p + 1002$ | $p = -0{,}2$ |
| N) | $10 \cdot q - 4$ | $q = 7{,}5$ |

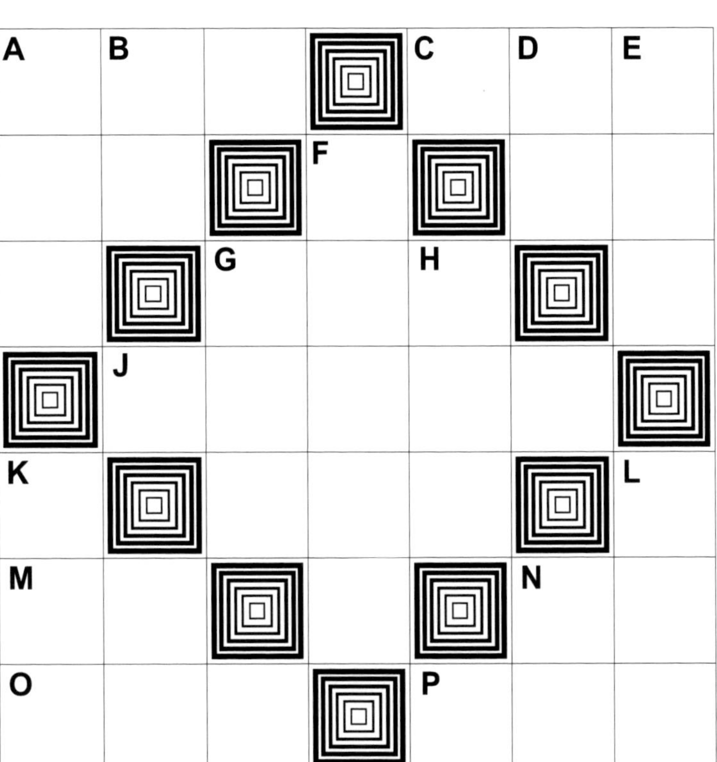

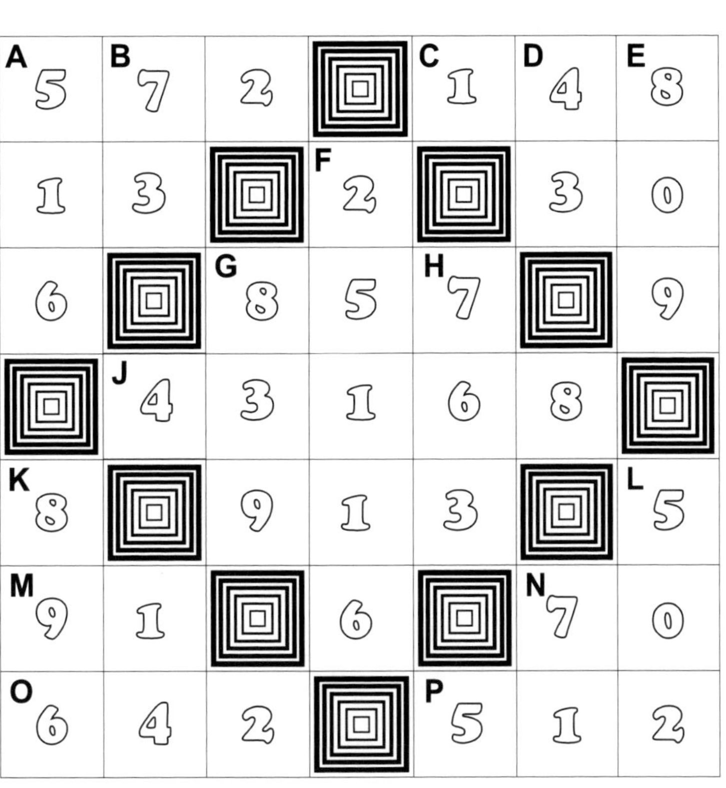




KOHL VERLAG Terme und Gleichungen von Anfang an - Bestell-Nr. 12 008

# 9 Welcher Term stimmt?

Ich denke mir eine Zahl und verzehnfache sie. Von diesem Ergebnis subtrahiere ich 12 und verdopple die so entstandene Differenz. Dieser lange Text lässt sich kurz und knapp in mathematischer Schreibweise darstellen. Aber wie? Finde den passenden Term.

a) $x \cdot 10 - 12 \cdot 2$  b) $(x \cdot 10 - 12) \cdot 2$  c) $2 \cdot x \cdot (10 - 12)$

Klar doch! $(x \cdot 10 - 12) \cdot 2$ tut´s.
Finde heraus, welcher Term stimmt. Die Kennbuchstaben ergeben bei richtiger Lösung ein Wort. Wie heißt es?

*Ich denke mir eine Zahl und verachtfache sie. Von diesem Ergebnis subtrahiere ich 7.*

*Ich denke mir eine Zahl und halbiere sie. Zu diesem Ergebnis addiere ich 12.*

*Ich denke mir eine Zahl und addiere 15 hinzu. Von dieser Summe bilde ich das Vierfache.*

*Von 345 subtrahiere ich das Fünffache meiner gedachten Zahl und dividiere das Ergebnis durch 3.*

*Ich bilde die Differenz aus 93 und der Summe aus meiner gedachten Zahl und 23.*

*Ich bilde die Summe aus 42 und dem Siebenfachen meiner gedachten Zahl.*

*Ich bilde die Differenz aus 49 und dem vierten Teil meiner gedachten Zahl.*

| Z $8 \cdot (x - 7)$ | P $8 \cdot x - 7$ |
|---|---|
| R $x : 2 + 12$ | A $2 : x + 12$ |
| P $x + 15 \cdot 4$ | O $(x + 15) \cdot 4$ |
| J $(345 - 5 \cdot x) : 3$ | I $5 \cdot x - 345 : 3$ |
| L $93 - x + 23$ | E $93 - (x + 23)$ |
| U $(42 + 7) \cdot x$ | K $42 + 7 \cdot x$ |
| T $49 - x : 4$ | D $49 : 4 - x$ |



---

9

Ich denke mir eine Zahl (x) und verzehnfache sie ($\cdot$ 10).
Von diesem Ergebnis subtrahiere ich 12 (– 12).
Die so entstandene Differenz (es müssen also Klammern gesetzt werden) verdoppele ich ($\cdot$ 2).
Also kommt nur der Term $(x \cdot 10 - 12) \cdot 2$ in Frage.

*Ich denke mir eine Zahl und verachtfache sie. Von diesem Ergebnis subtrahiere ich 7.*

*Ich denke mir eine Zahl und halbiere sie. Zu diesem Ergebnis addiere ich 12.*

*Ich denke mir eine Zahl und addiere 15 hinzu. Von dieser Summe bilde ich das Vierfache.*

*Von 345 subtrahiere ich das Fünffache meiner gedachten Zahl und dividiere das Ergebnis durch 3.*

*Ich bilde die Differenz aus 93 und der Summe aus meiner gedachten Zahl und 23.*

*Ich bilde die Summe aus 42 und dem Siebenfachen meiner gedachten Zahl.*

*Ich bilde die Differenz aus 49 und dem vierten Teil meiner gedachten Zahl.*

|  | P $8 \cdot x - 7$ |
|---|---|
| R $x : 2 + 12$ |  |
|  | O $(x + 15) \cdot 4$ |
| J $(345 - 5 \cdot x) : 3$ |  |
|  | E $93 - (x + 23)$ |
|  | K $42 + 7 \cdot x$ |
| T $49 - x : 4$ |  |

KOHL VERLAG Terme und Gleichungen von Anfang an - Bestell-Nr. 12 008

# 10 Terme aufstellen

So, jetzt sollst du einmal versuchen, Terme aufzustellen.
Die Variable x steht für eine beliebige Zahl.
Gib einen Term an für

**a)** das Dreifache dieser Zahl.

**b)** das Achteinhalbfache dieser Zahl.

**c)** die Hälfte dieser Zahl.

**d)** den fünften Teil dieser Zahl.

**e)** das Produkt aus dieser Zahl und 7.

**f)** die Summe aus dem Vierfachen und dem dritten Teil dieser Zahl.

**g)** das Fünffache dieser Zahl, vermindert um 18.

**h)** den vierten Teil dieser Zahl, vermehrt um 2.

**i)** die Differenz aus dem Doppelten dieser Zahl und 5.

**j)** den dritten Teil dieser Zahl, vermindert um 9.

**k)** den Quotienten aus dieser Zahl und 4.

**l)** das Dreifache der Summe aus dem Doppelten dieser Zahl und 21.

**m)** den vierten Teil der Differenz aus dem Vierfachen dieser Zahl und 7.



---

So, jetzt sollst du einmal versuchen, Terme aufzustellen.
Die Variable x steht für eine beliebige Zahl.
Gib einen Term an für

**a)** $3 \cdot x$

**b)** $8{,}5 \cdot x$ oder $8\frac{1}{2} \cdot x$

**c)** $0{,}5 \cdot x$ oder $\frac{1}{2} \cdot x$ oder $\frac{x}{2}$

**d)** $0{,}2 \cdot x$ oder $\frac{1}{5} \cdot x$ oder $\frac{x}{5}$

**e)** $x \cdot 7$ oder $7 \cdot x$

**f)** $4 \cdot x + \frac{x}{3}$ oder $4 \cdot x + \frac{1}{3} \cdot x$

**g)** $5 \cdot x - 18$

**h)** $\frac{1}{4} \cdot x + 2$ oder $\frac{x}{4} + 2$

**i)** $2 \cdot x - 5$

**j)** $\frac{1}{3} \cdot x - 9$ oder $\frac{x}{3} - 9$

**k)** $\frac{1}{4} \cdot x$ oder $\frac{x}{4}$

**l)** $3 \cdot (2 \cdot x + 21)$

**m)** $\frac{1}{4} \cdot (4 \cdot x - 7)$ oder $\frac{4 \cdot x - 7}{4}$

KOHL VERLAG Terme und Gleichungen von Anfang an - Bestell-Nr. 12 008

# Äquivalente (gleichwertige) Terme 1

Berechne einmal den Wert der folgenden Terme:

(4 + 3) • 12 (9 + 3) • 7 (17 + 4) • (21 – 17 2 • 2 • 3 • 7 4 • 46 – 5 • 20

Ist dir etwas aufgefallen? Alle Werte haben den Wert 84.

Merke: Terme ohne Variable, denen sich der gleiche Wert zuordnen lässt, nennt man (na wie?) **gleichwertig** oder mathematisch-lateinisch **äquivalent**.

Bei dem folgenden Rätsel sollst du 5 äquivalente Terme finden, die immer den Wert 10 liefern.
Dabei soll die folgende Regel gelten:
Du nimmst die erste Zahl, dividierst sie durch die zweite und addierst die dritte Zahl.
Ein Beispiel habe ich dir bereits vorgegeben: 6 : 2 + 7 = 10
Finde die fünf weiteren Dreierzahlen.
Du musst waagerecht und senkrecht suchen.

| 3 | 10 | 5 | 8 | 7 | 5 | 8 | 9 | 7 | 10 | 3 |
|---|---|---|---|---|---|---|---|---|---|---|
| 10 | 7 | 2 | 12 | 9 | 14 | 2 | 14 | 3 | 1 | 8 |
| 3 | 11 | 5 | 3 | 4 | 3 | 9 | 4 | 1 | 9 | 7 |
| 2 | 9 | 2 | 8 | 6 | 2 | 7 | 6 | 7 | 6 | 1 |
| 6 | 12 | 3 | 6 | 14 | 3 | 6 | 4 | 8 | 6 | 2 |
| 8 | 12 | 7 | 9 | 9 | 9 | 13 | 5 | 3 | 9 | 5 |
| 3 | 5 | 6 | 7 | 13 | 1 | 7 | 14 | 3 | 8 | 13 |



**11**

| 3 | 10 | 5 | 8 | 7 | 5 | 8 | 9 | 7 | 10 | 3 |
|---|---|---|---|---|---|---|---|---|---|---|
| 10 | 7 | 2 | 12 | 9 | 14 | 2 | 14 | 3 | 1 | 8 |
| 3 | 11 | 5 | 3 | 4 | 3 | 9 | 4 | 1 | 9 | 7 |
| 2 | 9 | 2 | 8 | 6 | 2 | 7 | 6 | 7 | 6 | 1 |
| 6 | 12 | 3 | 6 | 14 | 3 | 6 | 4 | 8 | 6 | 2 |
| 8 | 12 | 7 | 9 | 9 | 9 | 13 | 5 | 3 | 9 | 5 |
| 3 | 5 | 6 | 7 | 13 | 1 | 7 | 14 | 3 | 8 | 13 |

# 12 Äquivalente (gleichwertige) Terme 2

Wenn Terme mit Variablen bei jeder Einsetzung denselben Wert annehmen, dann nennt man diese Terme **äquivalent** oder **gleichwertig**.

Du kannst z. B. den Umfang eines Rechtecks auf mehrere Arten berechnen, das Ergebnis bleibt dasselbe:

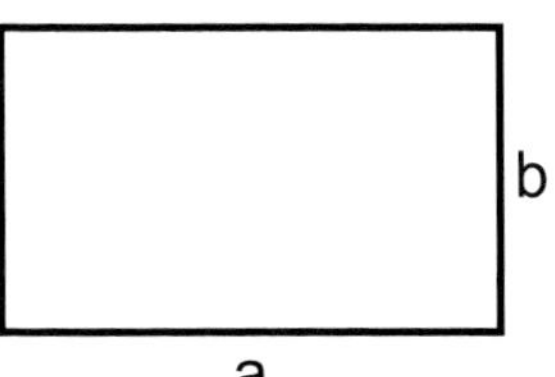


Umfang: a + b + a + b
Umfang: 2 • a + 2 • b
Umfang: 2 • (a + b)

Die Terme a + b + a + b, 2 • a + 2 • b und 2 • (a + b) sind also gleichwertig bzw. äquivalent.

Berechne einmal den Umfang der hier abgebildeten Rechtecke.
Welchem der drei Terme würdest du den Vorzug geben?

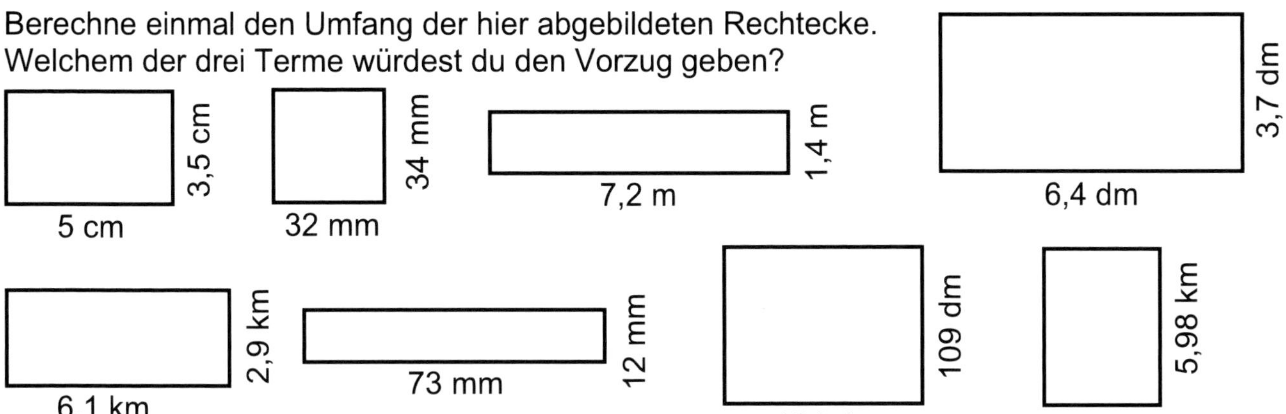

Berechne einmal den Umfang der hier abgebildeten Rechtecke.
Welchem der drei Terme würdest du den Vorzug geben?

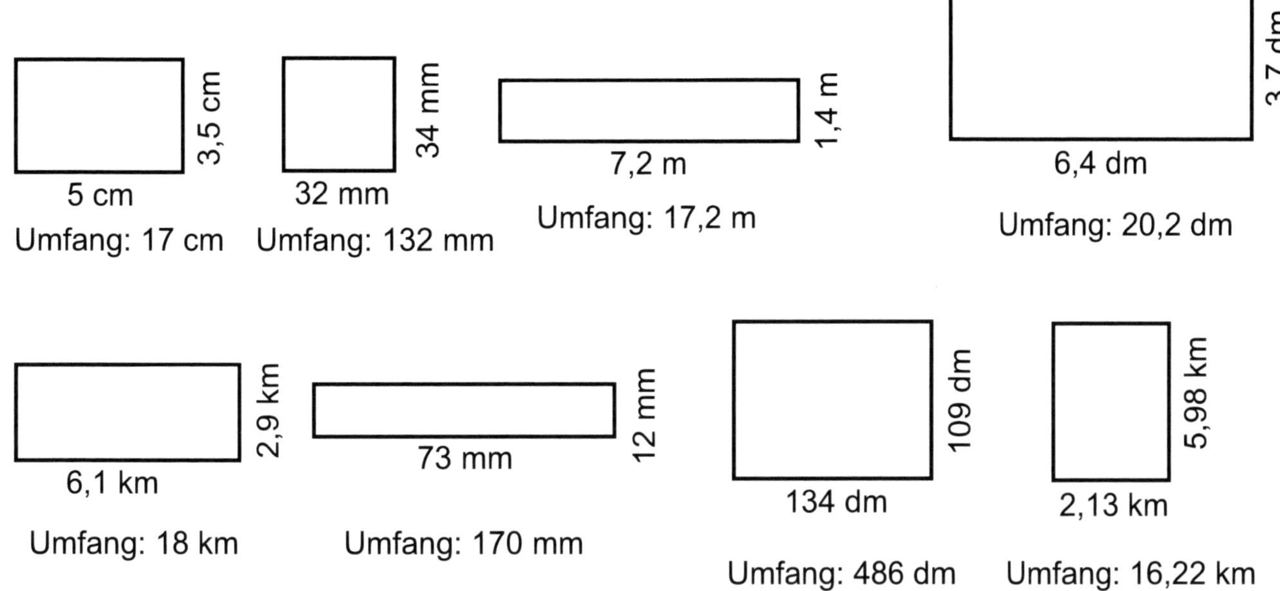


Am einfachsten ist es wohl, die Länge und die Breite der jeweiligen Rechtecke zu addieren und das Ergebnis anschließend zu verdoppeln. Damit würdest du dem Term 2 • (a + b) den Vorzug geben.



KOHL VERLAG Terme und Gleichungen von Anfang an - Bestell-Nr. 12 008

# 13 Wir überprüfen auf Äquivalenz

Um herauszufinden, ob Terme äquivalent sind, überprüfst du mit verschiedenen Einsetzungen, ob derselbe Wert angenommen wird. Nimm einmal die beiden Terme 5 • x – 2 • x und 3 • x. Setze nacheinander die Werte 2; 10; – 5; – 3; 0, 4 ein.

| x | 5 • x – 2 • x | 3 • x |
|---|---|---|
| 2 | 5 • 2 – 2 • 2 = 6 | 3 • 2 = 6 |
| 10 | 5 • 10 – 2 • 10 = 30 | 3 • 10 = 30 |
| – 5 | 5 • (– 5) – 2 • (– 5) = – 15 | 3 • (– 5) = – 15 |
| – 3 | 5 • (– 3) – 2 • (– 3) = – 9 | 3 • (– 3) = – 9 |
| 0,4 | 5 • 0,4 – 2 • 0,4 = 1,2 | 3 • 0,4 = 1,2 |

Da beliebige Zahlen immer dasselbe Ergebnis liefern, sind die beiden Terme äquivalent.

Prüfe, ob die beiden Terme äquivalent sind. Setze jeweils 4; – 2; – 7; 1,6 ein:

| x | 12 – 8 • x | 4 • (3 – 2 • x) |
|---|---|---|
| 4 | | |
| – 2 | | |
| – 7 | | |
| 1,6 | | |

| x | 2 • x + 2 | 2 • (x + 2) |
|---|---|---|
| 4 | | |
| – 2 | | |
| – 7 | | |
| 1,6 | | |

| x | x + x + x + x | 3 • x + 4 |
|---|---|---|
| 4 | | |
| – 2 | | |
| – 7 | | |
| 1,6 | | |

| x | x – 1 | 1 – x |
|---|---|---|
| 4 | | |
| – 2 | | |
| – 7 | | |
| 1,6 | | |

| x | 3 • x + 2 | – 2 • x + 2 + 5 • x |
|---|---|---|
| 4 | | |
| – 2 | | |
| – 7 | | |
| 1,6 | | |

| x | x – (– x – 8) | 2 • (x + 4) |
|---|---|---|
| 4 | | |
| – 2 | | |
| – 7 | | |
| 1,6 | | |



## 13

Prüfe, ob die beiden Terme äquivalent sind. Setze jeweils 4; – 2; – 7; 1,6 ein:

äquivalent

| x | 12 – 8 • x | 4 • (3 – 2 • x) |
|---|---|---|
| 4 | – 20 | – 20 |
| – 2 | 28 | 28 |
| – 7 | 68 | 68 |
| 1,6 | – 0,8 | – 0,8 |

nicht äquivalent

| x | 2 • x + 2 | 2 • (x + 2) |
|---|---|---|
| 4 | 10 | 12 |
| – 2 | – 2 | 0 |
| – 7 | – 12 | – 10 |
| 1,6 | 5,2 | 7,2 |

nicht äquivalent

| x | x + x + x + x | 3 • x + 4 |
|---|---|---|
| 4 | 16 | 16 |
| – 2 | – 8 | – 2 |
| – 7 | – 28 | – 49 |
| 1,6 | 6,4 | 8,8 |

nicht äquivalent

| x | x – 1 | 1 – x |
|---|---|---|
| 4 | 3 | – 3 |
| – 2 | – 3 | 3 |
| – 7 | – 8 | 8 |
| 1,6 | 0,6 | – 0,6 |

äquivalent

| x | 3 • x + 2 | – 2 • x + 2 + 5 • x |
|---|---|---|
| 4 | 14 | 14 |
| – 2 | – 4 | – 4 |
| – 7 | – 19 | – 19 |
| 1,6 | 6,8 | 6,8 |

äquivalent

| x | x – (– x – 8) | 2 • (x + 4) |
|---|---|---|
| 4 | 16 | 16 |
| – 2 | 4 | 4 |
| – 7 | – 6 | – 6 |
| 1,6 | 11,2 | 11,2 |

# Rechenregeln müssen überprüft werden

Nun ist es auf Dauer gesehen sehr langweilig, immer Zahlen einzusetzen, um die Äquivalenz von Termen festzustellen.
Die Mathematiker haben deshalb Regeln und Vorschriften aufgestellt, um die Sache zu vereinfachen.
Ein paar dieser Regeln kennst du bereits:

1. ***Punktrechnung vor Strichrechnung***
2. ***Klammern werden zuerst berechnet***
3. ***In einer Summe darf man zwei Summanden miteinander vertauschen.***

$$a + b = b + a$$

3. ***In einem Produkt darf man zwei Faktoren miteinander vertauschen.***

$$a \cdot b = b \cdot a$$

Weitere Regeln erfährst du gleich. Zunächst aber einmal eine kleine Knobelei.

Da hat doch irgendein Mathepauker vergessen, vier Pluszeichen irgendwie so zwischen die Ziffern zu setzen, dass eine richtige Additionsaufgabe mit fünf Zahlen entsteht.
Vielleicht findest du heraus, wie diese Pluszeichen eingesetzt werden müssen, damit du das Ergebnis 144 erhältst.

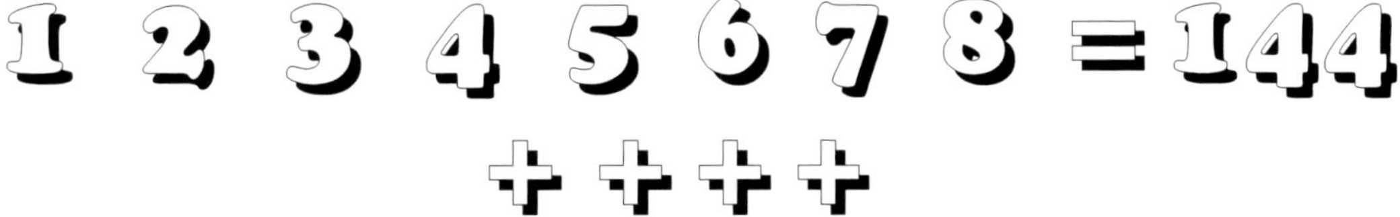

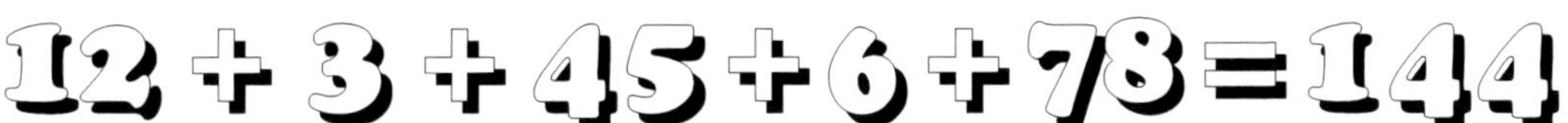

## 15 Terme vereinfachen

Um sich lästige Schreibarbeit zu ersparen, kann man die Addition von gleichen Summanden durch die Multiplikation ersetzen.
***Beispiel***: $4{,}5 + 4{,}5 + 4{,}5 + 4{,}5 = 4 \cdot 4{,}5$ oder $y + y + y + y + y + y = 6 \cdot y$
Fasse einmal zusammen:

**a)** $a + a + a + a + a + a + a =$

**b)** $r + r + r + r =$

**c)** $n + n + n + n + n + n =$

**d)** $m + m =$

**e)** $y + y + y =$

**f)** $s + s + s + s + s + s + s + s + s =$

**g)** $b + b + 2 \cdot b =$

**h)** $c + 4 \cdot c + c + 3 \cdot c =$

**i)** $7 \cdot a + 5 \cdot a =$

**j)** $1 \cdot t + 6 \cdot t + t + t + t =$

**k)** $q + q + 2 \cdot q + q + 5 \cdot q =$

**l)** $2 \cdot k + 5 \cdot k + 7 \cdot k + k =$

**m)** $w + w + 1 \cdot w + 4 \cdot w =$

KOHL VERLAG Terme und Gleichungen von Anfang an - Bestell-Nr. 12 008

**a)** $a + a + a + a + a + a + a = 7 \cdot a$

**b)** $r + r + r + r = 4 \cdot r$

**c)** $n + n + n + n + n + n = 6 \cdot n$

**d)** $m + m = 2 \cdot m$

**e)** $y + y + y = 3 \cdot y$

**f)** $s + s + s + s + s + s + s + s + s = 9 \cdot s$

**g)** $b + b + 2 \cdot b = 4 \cdot b$

**h)** $c + 4 \cdot c + c + 3 \cdot c = 9 \cdot c$

**i)** $7 \cdot a + 5 \cdot a = 12 \cdot a$

**j)** $1 \cdot t + 6 \cdot t + t + t + t = 10 \cdot t$

**k)** $q + q + 2 \cdot q + q + 5 \cdot q = 10 \cdot q$

**l)** $2 \cdot k + 5 \cdot k + 7 \cdot k + k = 15 \cdot k$

**m)** $w + w + 1 \cdot w + 4 \cdot w = 7 \cdot w$

KOHL VERLAG Terme und Gleichungen von Anfang an - Bestell-Nr. 12 008

# Wir lassen überflüssige Rechenzeiten weg

Wie du vielleicht weißt, sind Mathematiker eine ganz faule Bande und scheuen überflüssige Arbeit. Daher haben sie vereinbart, dass in Termen das Multiplikationszeichen weggelassen werden darf, wenn es nicht zu Missverständnissen kommen kann.

**Beispiele:**

**1.** $6 \cdot a = 6a$
**2.** $7 \cdot x + 4 \cdot x = 11 \cdot x = 11x$
**3.** $6 \cdot z - 2 \cdot z = 4 \cdot z = 4z$
**4.** $6 \cdot (x + 4) = 6(x + 4)$
**5.** $2 \cdot (a + 3) \cdot (5 - b) = 2(a + 3)(5 - b)$
**6.** $3 \cdot 7 \cdot x \cdot y = 3 \cdot 7xy$

**Spezialfälle:**

**7.** $9 \cdot p - 8 \cdot p = 1 \cdot p = 1p = p$
**8.** $27 \cdot z - 28 \cdot z = -1 \cdot z = -z$
**9.** $21 \cdot y - 21 \cdot y = 0 \cdot y = 0y = 0$

Alles klar?
Dann entscheide bitte einmal, ob die folgenden Vereinfachungen richtig oder falsch sind.
Rahme dann den entsprechenden Buchstaben ein und du bekommst sicherlich das Lösungswort heraus.
Wie heißt es?

| | richtig | falsch |
|---|---|---|
| $9z + 8z - 2z = 15z$ | K | S |
| $2 \cdot 4 \cdot a \cdot b = 24ab$ | C | O |
| $1{,}2a + 3{,}05a = 3{,}7a$ | H | M |
| $1{,}83 \cdot a + 4 \cdot a = 5{,}83a$ | P | A |
| $3{,}02 \cdot r - 2{,}02 \cdot r = r$ | A | U |
| $r + 7{,}5 \cdot r = 7{,}5r$ | F | K |
| $3 \cdot p - 2 \cdot p - 4 \cdot p = 3 \cdot p$ | E | T |
| $-g + 1 \cdot g = 2g$ | N | S |
| $-y + 1 \cdot y = 0$ | C | S |
| $6 \cdot 7 \cdot m \cdot n = 49mn$ | T | H |
| $5 \cdot 3 \cdot p \cdot q = 15pq$ | A | E |
| $6 \cdot 1{,}5 \cdot x \cdot y = 6 \cdot 1{,}5xy$ | L | R |
| $0{,}5 \cdot 24 \cdot v \cdot w = 12vw$ | L | A |
| $2 \cdot 3 \cdot w \cdot a \cdot u = 23wau$ | U | P |
| $5 \cdot (a + b) = 5(a + b)$ | L | S |
| $4 \cdot c - 5 \cdot c + 3 \cdot c - 2 \cdot c = c$ | L | A |
| $7n - 3n - 6 \cdot n = -2n$ | T | A |
| $v + v + v = v$ | G | T |
| $w + w + w + w = 4w$ | E | T |

KOHL VERLAG Terme und Gleichungen von Anfang an - Bestell-Nr. 12 008

**Beispiele:**

**1.** $6 \cdot a = 6a$
**2.** $7 \cdot x + 4 \cdot x = 11 \cdot x = 11x$
**3.** $6 \cdot z - 2 \cdot z = 4 \cdot z = 4z$
**4.** $6 \cdot (x + 4) = 6(x + 4)$
**5.** $2 \cdot (a + 3) \cdot (5 - b) = 2(a + 3)(5 - b)$
**6.** $3 \cdot 7 \cdot x \cdot y = 3 \cdot 7xy$

**Spezialfälle:**

**7.** $9 \cdot p - 8 \cdot p = 1 \cdot p = 1p = p$
**8.** $27 \cdot z - 28 \cdot z = -1 \cdot z = -z$
**9.** $21 \cdot y - 21 \cdot y = 0 \cdot y = 0y = 0$

| | richtig | falsch |
|---|---|---|
| $9z + 8z - 2z = 15z$ | K | |
| $2 \cdot 4 \cdot a \cdot b = 24ab$ | | O |
| $1{,}2a + 3{,}05a = 3{,}7a$ | | M |
| $1{,}83 \cdot a + 4 \cdot a = 5{,}83a$ | P | |
| $3{,}02 \cdot r - 2{,}02 \cdot r = r$ | A | |
| $r + 7{,}5 \cdot r = 7{,}5r$ | | K |
| $3 \cdot p - 2 \cdot p - 4 \cdot p = 3 \cdot p$ | | T |
| $-g + 1 \cdot g = 2g$ | | S |
| $-y + 1 \cdot y = 0$ | C | |
| $6 \cdot 7 \cdot m \cdot n = 49mn$ | | H |
| $5 \cdot 3 \cdot p \cdot q = 15pq$ | A | |
| $6 \cdot 1{,}5 \cdot x \cdot y = 6 \cdot 1{,}5xy$ | L | |
| $0{,}5 \cdot 24 \cdot v \cdot w = 12vw$ | L | |
| $2 \cdot 3 \cdot w \cdot a \cdot u = 23wau$ | | P |
| $5 \cdot (a + b) = 5(a + b)$ | L | |
| $4 \cdot c - 5 \cdot c + 3 \cdot c - 2 \cdot c = c$ | | A |
| $7n - 3n - 6 \cdot n = -2n$ | T | |
| $v + v + v = v$ | | T |
| $w + w + w + w = 4w$ | E | |

KOMPAKTSCHALLPLATTE

KOHL VERLAG Terme und Gleichungen von Anfang an - Bestell-Nr. 12 008

# 17 Wir fassen Terme zusammen

Fasse die Terme zusammen (*Beispiel*: 3a + 7a – 5,9a = 4,1a)

**a)** $12{,}5r - 8{,}6r + 17{,}67r - 6{,}33r =$

**b)** $6{,}4m + 5{,}9m - 24{,}6m =$

**c)** $1{,}12k + 0{,}375k + 0{,}67k + 0{,}14k - 2{,}09k =$

**d)** $5\frac{1}{2}x + 9\frac{2}{3}x =$

**e)** $3\frac{3}{4}y + 4\frac{5}{12}y + 7\frac{2}{3}y + 2\frac{1}{2}y =$

**f)** $17{,}56h - 8{,}65h - 2{,}09h - 7{,}3h + 5{,}2h =$

**g)** $\frac{7}{15}a - \frac{3}{5}a =$

**h)** $\frac{2}{3}b + \frac{7}{9}b =$

**i)** $\frac{7}{10}c - \frac{3}{8}c =$

**j)** $1\frac{1}{4}z + 3\frac{1}{3}z =$

**k)** $4\frac{5}{6}s + 5\frac{3}{8}s - 8\frac{1}{4}s =$

**l)** $5x - 0{,}8x - 3{,}6x + 11x - 2{,}1x =$

**m)** $7\frac{1}{2}g + 4\frac{3}{7}g - 15\frac{3}{4}g =$

KOHL VERLAG Terme und Gleichungen von Anfang an - Bestell-Nr. 12 008

---

**a)** $12{,}5r - 8{,}6r + 17{,}67r - 6{,}33r = 15{,}24r$

**b)** $6{,}4m + 5{,}9m - 24{,}6m = -\,12{,}3m$

**c)** $1{,}12k + 0{,}375k + 0{,}67k + 0{,}14k - 2{,}09k = 0{,}215k$

**d)** $5\frac{1}{2}x + 9\frac{2}{3}x = 15\frac{1}{6}x$

**e)** $3\frac{3}{4}y + 4\frac{5}{12}y + 7\frac{2}{3}y + 2\frac{1}{2}y = 18\frac{1}{3}y$

**f)** $17{,}56h - 8{,}65h - 2{,}09h - 7{,}3h + 5{,}2h = 4{,}72h$

**g)** $\frac{7}{15}a - \frac{3}{5}a = -\frac{2}{15}a$

**h)** $\frac{2}{3}b + \frac{7}{9}b = 1\frac{4}{9}b$

**i)** $\frac{7}{10}c - \frac{3}{8}c = \frac{13}{40}c$

**j)** $1\frac{1}{4}z + 3\frac{1}{3}z = 4\frac{7}{12}z$

**k)** $4\frac{5}{6}s + 5\frac{3}{8}s - 8\frac{1}{4}s = 1\frac{23}{24}s$

**l)** $5x - 0{,}8x - 3{,}6x + 11x - 2{,}1x = 9{,}5x$

**m)** $7\frac{1}{2}g + 4\frac{3}{7}g - 15\frac{3}{4}g = -\,3\frac{23}{28}g$

KOHL VERLAG Terme und Gleichungen von Anfang an - Bestell-Nr. 12 008

# Wir bringen Ordnung in die Terme

Man hat sich in »Mathematikerkreisen« geeinigt, dass man in Produkten zuerst die Koeffizienten (das sind die Zahlen, die bei den Variablen stehen) schreibt und dann die Variablen in alphabetischer Reihenfolge. Das vereinfacht den Term.
**Beispiel:** b • 5 • a • (– 4) • y = 5 • (– 4) • a • b • y = – 20aby
Vereinfache und ordne die Terme entsprechend:

**a)** 3 • g • 7 • d • e =

**b)** m • (– 4,2) • k • (– 5) • a =

**c)** s • z • 2 • g • 1,03 • h =

**d)** $1\frac{1}{2}$ • c • ($-\frac{3}{4}$) • a • 8 • b =

**e)** 12 • (– b) • 3 • 7 • 1 • e • (– 2) =

**f)** 0,5 • q • 0,2 • p • (– r) =

**g)** 6 • b • a • 3,2 • u =

**h)** (– 3,6) • k • (– 5) • (– d) • a =

**i)** 0,5 • 7 • a • b • y • d =

**j)** (– 2,01) • v • (– 5) • u • (– t) =

**k)** (– z) • (– y) • (– 7) • x • (– 2) =

KOHL VERLAG Terme und Gleichungen von Anfang an - Bestell-Nr. 12 008

**a)** 3 • g • 7 • d • e = 21deg

**b)** m • (– 4,2) • k • (– 5) • a = 21akm

**c)** s • z • 2 • g • 1,03 • h = 2,06ghsz

**d)** $1\frac{1}{2}$ • c • ($-\frac{3}{4}$) • a • 8 • b = – 9abc

**e)** 12 • (– b) • 3 • 7 • 1 • e • (– 2) = 504be

**f)** 0,5 • q • 0,2 • p • (– r) = – 0,1pqr

**g)** 6 • b • a • 3,2 • u = 19,2 abu

**h)** (– 3,6) • k • (– 5) • (– d) • a = – 18adk

**i)** 0,5 • 7 • a • b • y • d = 3,5abdy

**j)** (– 2,01) • v • (– 5) • u • (– t) = – 10,5tuv

**k)** (– z) • (– y) • (– 7) • x • (– 2) = 14xyz

KOHL VERLAG Terme und Gleichungen von Anfang an - Bestell-Nr. 12 008

# 19 Gleich und gleich gesellt sich gern

Du weißt sicherlich noch, dass man in einer Summe oder einer Differenz nur **gleiche Variable** zusammenfassen kann.
**Beispiel:** $3a + 4b - 2a + 5b + a - b = 2a + 8b$

**a)** $a + a + a + b + b =$

**b)** $4a + 5b - 17a - b =$

**c)** $12x - 3y - x - 5y =$

**d)** $23p - 11q + 11q - 19p - q =$

**e)** $-6{,}2e + 3{,}4w + 1{,}8e - e + 1{,}04w =$

**f)** $-1\frac{2}{3}a + 16\frac{4}{5}b - 5\frac{5}{6}a - 8\frac{1}{2}b + 6\frac{8}{9}a =$

**g)** $\frac{6}{7}f + \frac{5}{6}g - \frac{1}{7}f + f =$

**h)** $-12{,}8s + 9{,}6t - 15{,}1t + 2{,}8t + 12{,}8s =$

**i)** $4\frac{2}{3}x + 5\frac{4}{5}y - 6\frac{5}{6}x + 12\frac{1}{2}y =$

**j)** $0{,}25a + 3{,}2b + 2\frac{1}{2}a - 3\frac{4}{5}b =$

**k)** $12{,}35r - 7{,}23r + 78{,}2s - 8{,}3r - 154{,}6s =$

**l)** $-0{,}45z - \frac{3}{4}z + 11{,}7w - \frac{1}{2}w =$

**m)** $3{,}7x + 4{,}6y - 7{,}3z + 23{,}5x + 2{,}3y - 7{,}9z =$

**a)** $a + a + a + b + b = 3a + 2b$

**b)** $4a + 5b - 17a - b = -13a + 4b$

**c)** $12x - 3y - x - 5y = 11x - 8y$

**d)** $23p - 11q + 11q - 19p - q = 4p - q$

**e)** $-6{,}2e + 3{,}4w + 1{,}8e - e + 1{,}04w = -5{,}4e + 4{,}44w$

**f)** $-1\frac{2}{3}a + 16\frac{4}{5}b - 5\frac{5}{6}a - 8\frac{1}{2}b + 6\frac{8}{9}a = -\frac{11}{18}a + 8\frac{3}{10}b$

**g)** $\frac{6}{7}f + \frac{5}{6}g - \frac{1}{7}f + f = 1\frac{5}{7}f + \frac{5}{6}g$

**h)** $-12{,}8s + 9{,}6t - 15{,}1t + 2{,}8t + 12{,}8s = -2{,}7t$

**i)** $4\frac{2}{3}x + 5\frac{4}{5}y - 6\frac{5}{6}x + 12\frac{1}{2}y = -2\frac{1}{6}x + 18\frac{3}{10}y$

**j)** $0{,}25a + 3{,}2b + 2\frac{1}{2}a - 3\frac{4}{5}b = 2{,}75a - 0{,}6b$

**k)** $12{,}35r - 7{,}23r + 78{,}2s - 8{,}3r - 154{,}6s = -3{,}18r - 76{,}4s$

**l)** $-0{,}45z - \frac{3}{4}z + 11{,}7w - \frac{1}{2}w = -1{,}2z + 11{,}2w$

**m)** $3{,}7x + 4{,}6y - 7{,}3z + 23{,}5x + 2{,}3y - 7{,}9z = 27{,}2x + 6{,}9y - 15{,}2z$

KOHL VERLAG Terme und Gleichungen von Anfang an - Bestell-Nr. 12 008

# 20 Ich denke mir eine Zahl

7

Ich denke mir eine Zahl. Wenn ich zu dieser Zahl 5 addiere, erhalte ich 12. Welche Zahl habe ich mir gedacht?

Die Zahl, die sich Prof. Dr. Brian Teaser ausgedacht hat und die du nicht kennst, bezeichnen wir einmal mit x.
Der Professor zählt zu dieser Zahl 5 hinzu: $x + 5$
Das Ergebnis lautet 12, also $x + 5 = 12$

Weil links und rechts vom Gleichheitszeichen gleiche Werte stehen, spricht man von einer **Gleichung**. Durch Probieren findest du schnell die Lösung der Gleichung $x + 5 = 12$.

$L = \{ 7 \}$

Stelle einmal für die folgenden Aussagen Gleichungen auf und ermittle die Lösungsmenge $L$.

*Ich denke mir eine Zahl. Wenn ich zu dieser Zahl 15 addiere, erhalte ich 87.*

*Ich denke mir eine Zahl. Wenn ich von dieser Zahl 7 subtrahiere, erhalte ich 23.*

*Ich denke mir eine Zahl. Wenn ich diese Zahl verdreifache, erhalte ich 18.*

*Ich denke mir eine Zahl. Wenn ich diese Zahl durch 5 dividiere, erhalte ich 23.*



---

## 20

*Ich denke mir eine Zahl. Wenn ich zu dieser Zahl 15 addiere, erhalte ich 87.*

$x + 15 = 87$
Lösung: 72 $L = \{ 72 \}$

**Antwort:** *Ich habe mir die Zahl 72 gedacht*

*Ich denke mir eine Zahl. Wenn ich von dieser Zahl 7 subtrahiere, erhalte ich 23.*

$x - 7 = 23$
Lösung: 30 $L = \{ 30 \}$

**Antwort:** *Ich habe mir die Zahl 30 gedacht*

*Ich denke mir eine Zahl. Wenn ich diese Zahl verdreifache, erhalte ich 18.*

$3 \cdot x = 18$
Lösung: 6 $L = \{ 6 \}$

**Antwort:** *Ich habe mir die Zahl 6 gedacht*

*Ich denke mir eine Zahl. Wenn ich diese Zahl durch 5 dividiere, erhalte ich 23.*

$x : 5 = 23$
Lösung: 115 $L = \{ 115 \}$

**Antwort:** *Ich habe mir die Zahl 115 gedacht*

KOHL VERLAG Terme und Gleichungen von Anfang an - Bestell-Nr. 12 008

# 21 Auf die Grundlage kommt es an

Ich denke mir eine Zahl. Wenn ich zu dieser Zahl 5 addiere, erhalte ich 12. Welche Zahl habe ich mir gedacht?

Diese Aufgabe war ja wohl sehr einfach, weil die Lösung eine natürliche Zahl war. Brian Teaser hätte sich aber auch eine Aufgabe ausdenken können, bei der Zahlen wie 0,24 oder – 17 oder $\frac{3}{7}$ herauskommen.

Daher legen wir jetzt fest, dass bei den kommenden Gleichungen als Lösungen auch rationale Zahlen zugelassen sind. Man sagt auch, die rationalen Zahlen werden als **Grundmenge** festgelegt.
Was soll das schon wieder heißen?

**Beispiel**: Stell dir vor, der Professor hätte für seine Knobelaufgabe nur die Zahlen 3, 5, 7 und 11 verwenden dürfen. Dann ist die **Grundmenge G** = {3, 5, 7, 11}.
Die Gleichung x + 5 = 12 hat dann in dieser Grundmenge die Lösung 7.
Die Gleichung x – 2,5 = 8 hat in dieser Grundmenge keine Lösung, weil keine der vier Zahlen die Gleichung erfüllt. Lässt man für diese Aufgabe aber als Grundmenge die rationalen Zahlen zu, dann ist die Lösung 10,5.

Bestimme einmal die Lösungen der folgenden Gleichungen mit **G** = {– 5, – 2, – 1, 3, 6, 8, 12 }.

**a)** 4x = 24 *L* = { }
**b)** 0,5x = – 2,5 *L* = { }
**c)** x + 8 = 3 *L* = { }
**d)** 6x = 12 *L* = { }
**e)** x : 5 = 2,4 *L* = { }
**f)** x : (– 0,2) = 40 *L* = { }



---

Daher legen wir jetzt fest, dass bei den kommenden Gleichungen als Lösungen auch rationale Zahlen zugelassen sind. Man sagt auch, die rationalen Zahlen werden als **Grundmenge** festgelegt.
Was soll das schon wieder heißen?

**Beispiel**: Stell dir vor, der Professor hätte für seine Knobelaufgabe nur die Zahlen 3, 5, 7 und 11 verwenden dürfen. Dann ist die **Grundmenge G** = {3, 5, 7, 11}.
Die Gleichung x + 5 = 12 hat dann in dieser Grundmenge die Lösung 7.
Die Gleichung x – 2,5 = 8 hat in dieser Grundmenge keine Lösung, weil keine der vier Zahlen die Gleichung erfüllt. Lässt man für diese Aufgabe aber als Grundmenge die rationalen Zahlen zu, dann ist die Lösung 10,5.

Bestimme einmal die Lösungen der folgenden Gleichungen mit **G** = {– 5, – 2, – 1, 3, 6, 8, 12 }.

**a)** 4x = 24 *L* = { 6 }
**b)** 0,5x = – 2,5 *L* = { – 5 }
**c)** x + 8 = 3 *L* = { – 5 }
**d)** 6x = 12 *L* = { } *sprich*: leere Menge
**e)** x : 5 = 2,4 *L* = { 12 }
**f)** x : (– 0,2) = 40 *L* = { } keine Zahl der Grundmenge ist Lösung

# 22 Eine Gleichung ist wie eine Waage … (1)

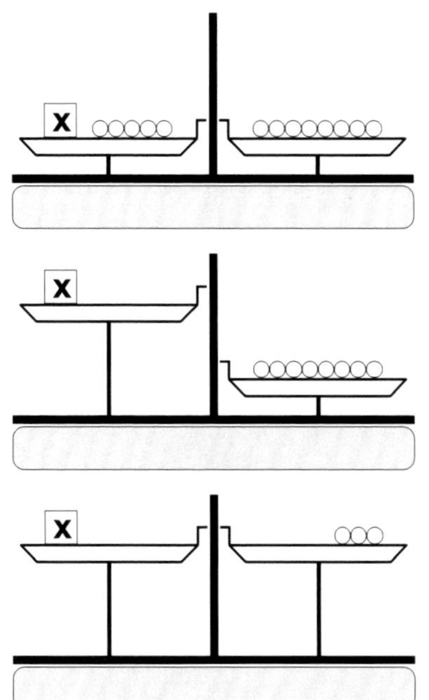

So eine Gleichung lässt sich mit dem Modell einer Waage vergleichen. Damit die Waage im Gleichgewicht bleibt, muss auf beiden Waagschalen dieselbe Anzahl Kugeln vorhanden sein. Um herauszufinden, wie viel Kugeln man für x hinlegen muss, entfernst du auf der linken Waagschale 5 Kugeln. Klar, dass die linke Waage dann in die Höhe schnellt, weil sie ja »leichter« geworden ist.

Wenn du das Gleichgewicht wieder herstellen möchtest, dann bleibt dir nichts anderes übrig, als rechts auch 5 Kugeln zu entfernen. Jetzt lässt sich auch sofort die Lösung ablesen. An Stelle von x müssen drei Kugeln platziert werden.

*Mathematisch sieht das so aus:*

$$\begin{aligned} x + 5 &= 8 \qquad | -5 \quad \textit{(links und rechts entfernt man 5)} \\ x + 5 - 5 &= 8 - 5 \\ x &= 3 \\ L &= \{3\} \end{aligned}$$

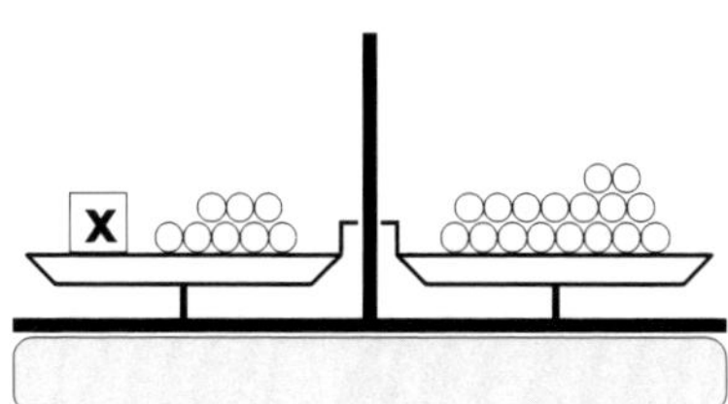

Na, wie viele Kugeln wirst du rechts und links entfernen? Wie sieht das mathematisch aus?



---

22

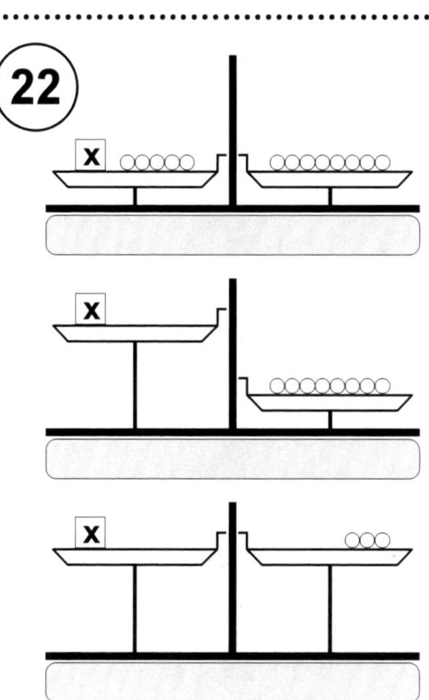

So eine Gleichung lässt sich mit dem Modell einer Waage vergleichen. Damit die Waage im Gleichgewicht bleibt, muss auf beiden Waagschalen dieselbe Anzahl Kugeln vorhanden sein. Um herauszufinden, wie viel Kugeln man für x hinlegen muss, entfernst du auf der linken Waagschale 5 Kugeln. Klar, dass die linke Waage dann in die Höhe schnellt, weil sie ja »leichter« geworden ist.

Wenn du das Gleichgewicht wieder herstellen möchtest, dann bleibt dir nichts anderes übrig, als rechts auch 5 Kugeln zu entfernen. Jetzt lässt sich auch sofort die Lösung ablesen. An Stelle von x müssen drei Kugeln platziert werden.

*Mathematisch sieht das so aus:*

$$\begin{aligned} x + 5 &= 8 \qquad | -5 \quad \textit{(links und rechts entfernt man 5)} \\ x + 5 - 5 &= 8 - 5 \\ x &= 3 \\ L &= \{3\} \end{aligned}$$

Na, wie viele Kugeln wirst du rechts und links entfernen? Wie sieht das mathematisch aus?

$$\begin{aligned} x + 8 &= 17 \qquad | -8 \quad \textit{(links und rechts entfernt man 8)} \\ x + 8 - 8 &= 17 - 8 \\ x &= 9 \\ L &= \{9\} \end{aligned}$$

KOHL VERLAG Terme und Gleichungen von Anfang an - Bestell-Nr. 12 008

# Auf beiden Seiten subtrahieren

Eine Gleichung bleibt dann richtig, wenn man auf beiden Seiten dieselbe Zahl subtrahiert. Also sieh zu, dass du auf beiden Seiten der Gleichung die gleiche»Operation« durchführst. Du erhältst automatisch die Lösungsmenge.

| | | | |
|---|---|---|---|
| **a)** | $x + 7 = 39$ | Subtrahiere auf beiden Seiten 7 | $L = \{ \quad \}$ |
| **b)** | $x + 5 = 18$ | Subtrahiere auf beiden Seiten 5 | $L = \{ \quad \}$ |
| **c)** | $x + 11{,}5 = 37{,}6$ | Subtrahiere auf beiden Seiten 11,5 | $L = \{ \quad \}$ |
| **d)** | $x + 5{,}38 = -3{,}2$ | Subtrahiere auf beiden Seiten 5,38 | $L = \{ \quad \}$ |
| **e)** | $x + 9\frac{1}{3} = 18\frac{4}{5}$ | Subtrahiere auf beiden Seiten $9\frac{1}{3}$ | $L = \{ \quad \}$ |
| **f)** | $x + 3\frac{2}{5} = 7\frac{1}{4}$ | Subtrahiere auf beiden Seiten $3\frac{2}{5}$ | $L = \{ \quad \}$ |
| **g)** | $x + 52{,}4 = 83{,}2$ | Subtrahiere auf beiden Seiten 52,5 | $L = \{ \quad \}$ |
| **h)** | $x + 15{,}3 = 22{,}1$ | Subtrahiere auf beiden Seiten 15,3 | $L = \{ \quad \}$ |
| **i)** | $x + 7\frac{4}{9} = 12\frac{1}{2}$ | Subtrahiere auf beiden Seiten $7\frac{4}{9}$ | $L = \{ \quad \}$ |
| **j)** | $x + 218 = -612$ | Subtrahiere auf beiden Seiten 218 | $L = \{ \quad \}$ |
| **k)** | $x + 5\frac{1}{5} = -3\frac{2}{3}$ | Subtrahiere auf beiden Seiten $5\frac{1}{5}$ | $L = \{ \quad \}$ |
| **l)** | $x + 23{,}04 = -1{,}92$ | Subtrahiere auf beiden Seiten 23,04 | $L = \{ \quad \}$ |
| **m)** | $x + 0{,}25 = 0{,}25$ | Subtrahiere auf beiden Seiten 0,25 | $L = \{ \quad \}$ |

KOHL VERLAG Terme und Gleichungen von Anfang an - Bestell-Nr. 12 008

| | | | |
|---|---|---|---|
| **a)** | $x + 7 = 39$ | Subtrahiere auf beiden Seiten 7 | $L = \{ 32 \}$ |
| **b)** | $x + 5 = 18$ | Subtrahiere auf beiden Seiten 5 | $L = \{ 13 \}$ |
| **c)** | $x + 11{,}5 = 37{,}6$ | Subtrahiere auf beiden Seiten 11,5 | $L = \{ 26{,}1 \}$ |
| **d)** | $x + 5{,}38 = -3{,}2$ | Subtrahiere auf beiden Seiten 5,38 | $L = \{ -8{,}58 \}$ |
| **e)** | $x + 9\frac{1}{3} = 18\frac{4}{5}$ | Subtrahiere auf beiden Seiten $9\frac{1}{3}$ | $L = \{ 9\frac{7}{15} \}$ |
| **f)** | $x + 3\frac{2}{5} = 7\frac{1}{4}$ | Subtrahiere auf beiden Seiten $3\frac{2}{5}$ | $L = \{ 3\frac{17}{20} \}$ |
| **g)** | $x + 52{,}4 = 83{,}2$ | Subtrahiere auf beiden Seiten 52,5 | $L = \{ 30{,}8 \}$ |
| **h)** | $x + 15{,}3 = 22{,}1$ | Subtrahiere auf beiden Seiten 15,3 | $L = \{ 6{,}8 \}$ |
| **i)** | $x + 7\frac{4}{9} = 12\frac{1}{2}$ | Subtrahiere auf beiden Seiten $7\frac{4}{9}$ | $L = \{ 5\frac{1}{18} \}$ |
| **j)** | $x + 218 = -612$ | Subtrahiere auf beiden Seiten 218 | $L = \{ -830 \}$ |
| **k)** | $x + 5\frac{1}{5} = -3\frac{2}{3}$ | Subtrahiere auf beiden Seiten $5\frac{1}{5}$ | $L = \{ -8\frac{13}{15} \}$ |
| **l)** | $x + 23{,}04 = -1{,}92$ | Subtrahiere auf beiden Seiten 23,04 | $L = \{ -24{,}96 \}$ |
| **m)** | $x + 0{,}25 = 0{,}25$ | Subtrahiere auf beiden Seiten 0,25 | $L = \{ 0 \}$ |

KOHL VERLAG Terme und Gleichungen von Anfang an - Bestell-Nr. 12 008

# Eine Gleichung ist wie eine Waage … (2)

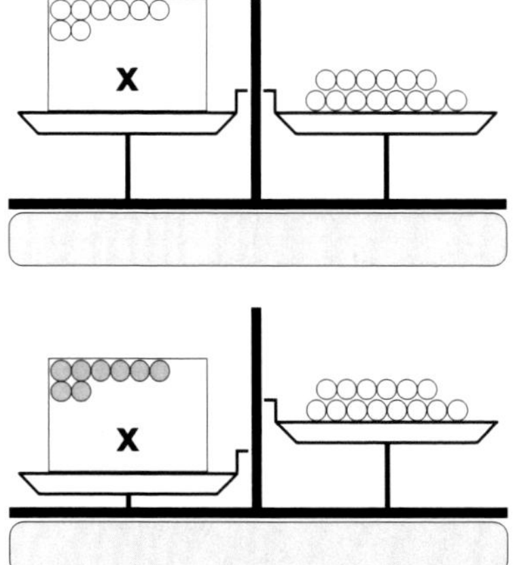

Aus einem Karton, den du dir nur vorstellst und der also nichts wiegt, sind 8 Kugeln entfernt worden.
Die Waage ist im Gleichgewicht. Du willst wissen, wie viele Kugeln sich vorher im Karton befanden.

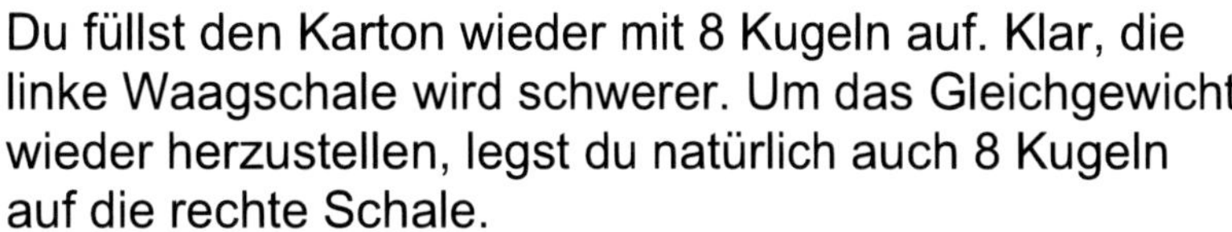

Du füllst den Karton wieder mit 8 Kugeln auf. Klar, die linke Waagschale wird schwerer. Um das Gleichgewicht wieder herzustellen, legst du natürlich auch 8 Kugeln auf die rechte Schale.

Du kannst jetzt die Lösung abzählen: $L = \{ 22 \}$

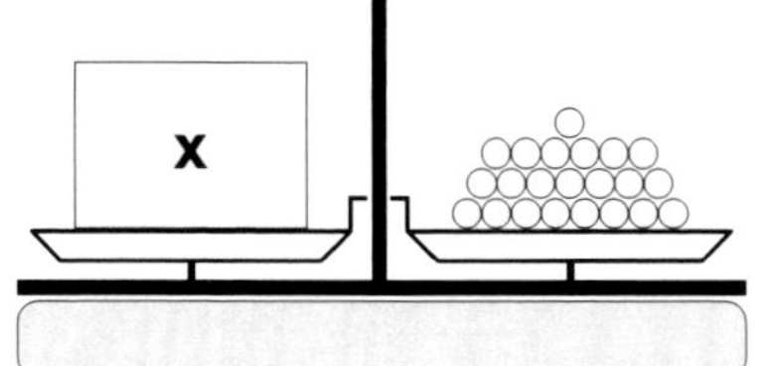

*Mathematisch formuliert man das so:*

$$\begin{aligned} x - 8 &= 14 \quad | +8 \\ x - 8 + 8 &= 14 + 8 \\ x &= 22 \\ L &= \{ 22 \} \end{aligned}$$

*(links und rechts addiert man 8)*

Merke dir also, dass du zum Lösen einer Gleichung auf beiden Seiten der Gleichung dieselbe Zahl addieren darfst, wenn sich dies anbietet.
Welche Zahl würdest du auf beiden Seiten addieren und wie lautet die Lösung?

$$y - 138{,}72 = 678{,}29$$



---

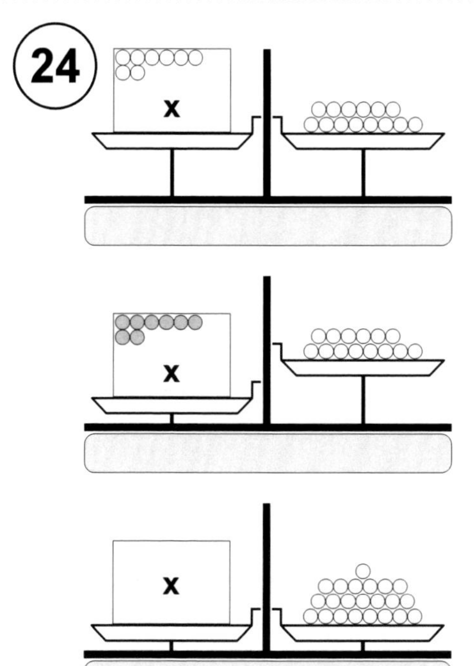

Aus einem Karton, den du dir nur vorstellst und der also nichts wiegt, sind 8 Kugeln entfernt worden.
Die Waage ist im Gleichgewicht. Du willst wissen, wie viele Kugeln sich vorher im Karton befanden.

Du füllst den Karton wieder mit 8 Kugeln auf. Klar, die linke Waagschale wird schwerer. Um das Gleichgewicht wieder herzustellen, legst du natürlich auch 8 Kugeln auf die rechte Schale.

Du kannst jetzt die Lösung abzählen: $L = \{ 22 \}$

*Mathematisch formuliert man das so:*

$$\begin{aligned} x - 8 &= 14 \quad | +8 \\ x - 8 + 8 &= 14 + 8 \\ x &= 22 \\ L &= \{ 22 \} \end{aligned}$$

*(links und rechts addiert man 8)*

Merke dir also, dass du zum Lösen einer Gleichung auf beiden Seiten der Gleichung dieselbe Zahl addieren darfst, wenn sich dies anbietet.
Welche Zahl würdest du auf beiden Seiten addieren und wie lautet die Lösung?

$$\begin{aligned} y - 138{,}72 &= 678{,}29 \quad | +138{,}72 \\ y &= 817{,}01 \\ L &= \{ 817{,}01 \} \end{aligned}$$

*(links und rechts addierst du 138,72)*

Terme und Gleichungen von Anfang an - Bestell-Nr. 12 008
KOHL VERLAG

# Auf beiden Seiten addieren

Dann sieh mal zu, dass du die folgenden Gleichungen löst.
Du musst nur auf beiden Seiten der Gleichung dieselbe Zahl addieren.

| | | | |
|---|---|---|---|
| **a)** | $x - 12 = 63$ | Addiere auf beiden Seiten 12 | $L = \{\quad\}$ |
| **b)** | $x - 123{,}75 = 76{,}3$ | Addiere auf beiden Seiten 123,75 | $L = \{\quad\}$ |
| **c)** | $x - 43{,}7 = -104{,}2$ | Addiere auf beiden Seiten 43,7 | $L = \{\quad\}$ |
| **d)** | $x - \frac{2}{5} = \frac{4}{9}$ | Addiere auf beiden Seiten $\frac{2}{5}$ | $L = \{\quad\}$ |
| **e)** | $x - 1{,}2 = 4{,}03$ | Addiere auf beiden Seiten 1,2 | $L = \{\quad\}$ |
| **f)** | $x - 3\frac{4}{7} = -4\frac{1}{2}$ | Addiere auf beiden Seiten $3\frac{4}{7}$ | $L = \{\quad\}$ |
| **g)** | $x - \frac{4}{15} = \frac{7}{9}$ | Addiere auf beiden Seiten $\frac{4}{15}$ | $L = \{\quad\}$ |
| **h)** | $x - 3{,}25 = -1{,}8$ | Addiere auf beiden Seiten 3,25 | $L = \{\quad\}$ |
| **i)** | $x - 19 = -43$ | Addiere auf beiden Seiten 19 | $L = \{\quad\}$ |
| **j)** | $x - 0{,}0265 = 7{,}9214$ | Addiere auf beiden Seiten 0.0265 | $L = \{\quad\}$ |
| **k)** | $x - 5{,}361 = -5{,}361$ | Addiere auf beiden Seiten 5,361 | $L = \{\quad\}$ |
| **l)** | $x - 4\frac{1}{4} = 5{,}2$ | Addiere auf beiden Seiten $4\frac{1}{4}$ | $L = \{\quad\}$ |
| **m)** | $x - 4{,}\overline{3} = 6\frac{1}{2}$ | Addiere auf beiden Seiten $4\frac{1}{3}$ | $L = \{\quad\}$ |

| | | | |
|---|---|---|---|
| **a)** | $x - 12 = 63$ | Addiere auf beiden Seiten 12 | $L = \{ 75 \}$ |
| **b)** | $x - 123{,}75 = 76{,}3$ | Addiere auf beiden Seiten 123,75 | $L = \{ 200{,}05 \}$ |
| **c)** | $x - 43{,}7 = -104{,}2$ | Addiere auf beiden Seiten 43,7 | $L = \{ -60{,}5 \}$ |
| **d)** | $x - \frac{2}{5} = \frac{4}{9}$ | Addiere auf beiden Seiten $\frac{2}{5}$ | $L = \{ \frac{38}{45} \}$ |
| **e)** | $x - 1{,}2 = 4{,}03$ | Addiere auf beiden Seiten 1,2 | $L = \{ 5{,}23 \}$ |
| **f)** | $x - 3\frac{4}{7} = -4\frac{1}{2}$ | Addiere auf beiden Seiten $3\frac{4}{7}$ | $L = \{ -\frac{13}{14} \}$ |
| **g)** | $x - \frac{4}{15} = \frac{7}{9}$ | Addiere auf beiden Seiten $\frac{4}{15}$ | $L = \{ 1\frac{2}{45} \}$ |
| **h)** | $x - 3{,}25 = -1{,}8$ | Addiere auf beiden Seiten 3,25 | $L = \{ 1{,}45 \}$ |
| **i)** | $x - 19 = -43$ | Addiere auf beiden Seiten 19 | $L = \{ -24 \}$ |
| **j)** | $x - 0{,}0265 = 7{,}9214$ | Addiere auf beiden Seiten 0.0265 | $L = \{ 7{,}9479 \}$ |
| **k)** | $x - 5{,}361 = -5{,}361$ | Addiere auf beiden Seiten 5,361 | $L = \{ 0 \}$ |
| **l)** | $x - 4\frac{1}{4} = 5{,}2$ | Addiere auf beiden Seiten 4,25 | $L = \{ 9{,}45 \}$ |
| **m)** | $x - 4{,}\overline{3} = 6\frac{1}{2}$ | Addiere auf beiden Seiten $4\frac{1}{3}$ | $L = \{ 10\frac{5}{6} \}$ |

# Eine Gleichung ist wie eine Waage … (3)

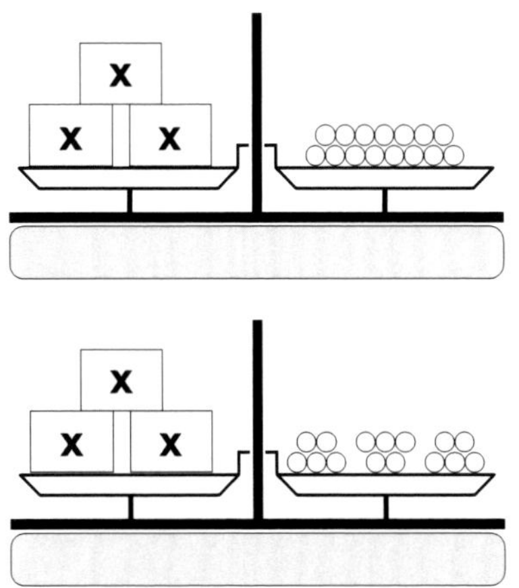

Auf der Waage liegen links drei gleiche Kisten, in denen sich - klaro - dieselbe Anzahl Kugeln befindet.
Wie viele Kugeln sind es denn?
Die Kisten denkst du dir bloß, sie wiegen also nichts.

Aber logo! Wenn sich drei Kisten mit 15 Kugeln die Waage halten, dann sind in einer Kiste 5 Kugeln.

*Mathematisch formuliert man das so:*

$$3x = 15 \quad | :3 \quad \textit{(links und rechts dividierst du durch 3)}$$
$$\frac{3x}{3} = \frac{15}{3}$$
$$x = 5$$
$$L = \{5\}$$

Zum Lösen einer Gleichung darfst du auf beiden Seiten einer Gleichung durch dieselbe Zahl dividieren, wenn dich dies zur Lösung führt. Diese Zahl darf aber nicht Null sein, weil du ja nicht durch Null dividieren darfst.
Jetzt bist du aber dran. Wie viele Kugeln sind in einer Kiste?
Wie sieht das mathematisch aus?

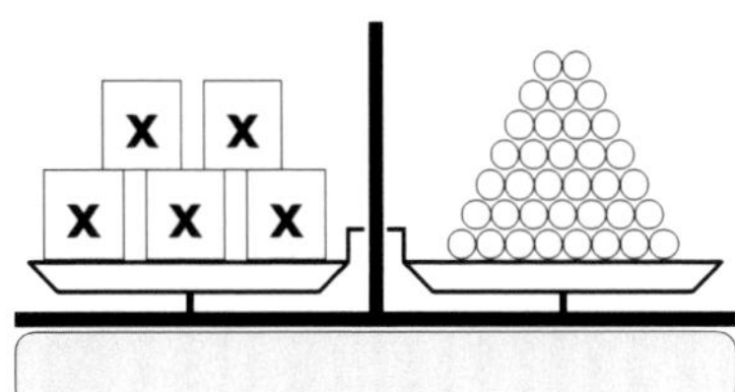

**26**

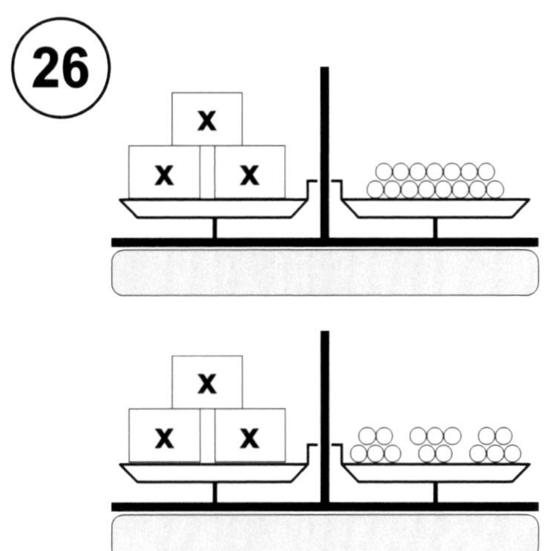

Auf der Waage liegen links drei gleiche Kisten, in denen sich - klaro - dieselbe Anzahl Kugeln befindet.
Wie viele Kugeln sind es denn?
Die Kisten denkst du dir bloß, sie wiegen also nichts.

Aber logo! Wenn sich drei Kisten mit 15 Kugeln die Waage halten, dann sind in einer Kiste 5 Kugeln.

*Mathematisch formuliert man das so:*

$$3x = 15 \quad | :3 \quad \textit{(links und rechts dividierst du durch 3)}$$
$$\frac{3x}{3} = \frac{15}{3}$$
$$x = 5$$
$$L = \{5\}$$

Zum Lösen einer Gleichung darfst du auf beiden Seiten einer Gleichung durch dieselbe Zahl dividieren, wenn dich dies zur Lösung führt. Diese Zahl darf aber nicht Null sein, weil du ja nicht durch Null dividieren darfst.
Jetzt bist du aber dran. Wie viele Kugeln sind in einer Kiste?
Wie sieht das mathematisch aus?

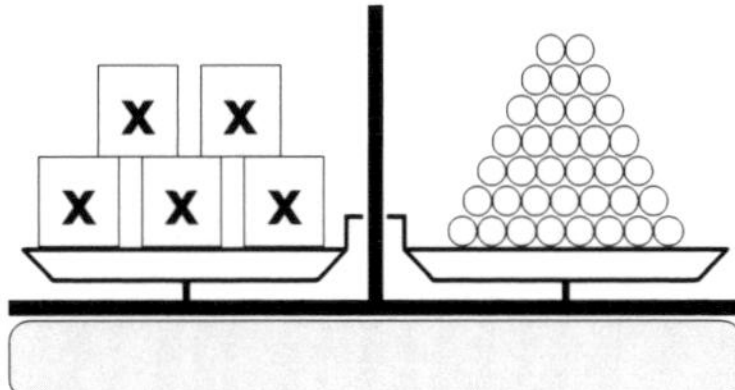

$$5x = 35 \quad | :5 \quad \textit{(links und rechts dividierst du durch 5)}$$
$$\frac{5x}{5} = \frac{35}{5}$$
$$x = 7$$
$$L = \{7\}$$

# Auf beiden Seiten dividieren

Löse die folgenden Gleichungen. Dividiere jeweils beide Seiten der Gleichung durch dieselbe Zahl. Ab und zu musst du schon aufpassen und daran denken, dass bei der Division von ganzen Zahlen die dir bekannten Vorzeichenregeln gelten.

| | | | |
|---|---|---|---|
| **a)** | $4x = 73$ | Dividiere beide Seiten durch 4 | $L = \{\quad\}$ |
| **b)** | $675 = 25y$ | Dividiere beide Seiten durch 25 | $L = \{\quad\}$ |
| **c)** | $-a = 123$ | Dividiere beide Seiten durch – 1 | $L = \{\quad\}$ |
| **d)** | $5z = -2375$ | Dividiere beide Seiten durch 5 | $L = \{\quad\}$ |
| **e)** | $-0{,}3x = 2{,}52$ | Dividiere beide Seiten durch – 0,3 | $L = \{\quad\}$ |
| **f)** | $-0{,}75x = -18{,}75$ | Dividiere beide Seiten durch – 0,75 | $L = \{\quad\}$ |
| **g)** | $2{,}3y = 2{,}3$ | Dividiere beide Seiten durch 2,3 | $L = \{\quad\}$ |
| **h)** | $12{,}5 = 0{,}01z$ | Dividiere beide Seiten durch 0,01 | $L = \{\quad\}$ |
| **i)** | $-3x = -\frac{4}{5}$ | Dividiere beide Seiten durch – 3 | $L = \{\quad\}$ |
| **j)** | $5x = -\frac{3}{4}$ | Dividiere beide Seiten durch 5 | $L = \{\quad\}$ |
| **k)** | $\frac{1}{2} = 7x$ | Dividiere beide Seiten durch 7 | $L = \{\quad\}$ |
| **l)** | $1{,}9x = -17{,}86$ | Dividiere beide Seiten durch 1,9 | $L = \{\quad\}$ |
| **m)** | $-\frac{1}{3}x = -0{,}8$ | Dividiere beide Seiten durch $-\frac{1}{3}$ | $L = \{\quad\}$ |

| | | | |
|---|---|---|---|
| **a)** | $4x = 73$ | Dividiere beide Seiten durch 4 | $L = \{ 18{,}25 \}$ |
| **b)** | $675 = 25y$ | Dividiere beide Seiten durch 25 | $L = \{ 27 \}$ |
| **c)** | $-a = 123$ | Dividiere beide Seiten durch – 1 | $L = \{ -123 \}$ |
| **d)** | $5z = -2375$ | Dividiere beide Seiten durch 5 | $L = \{ -475 \}$ |
| **e)** | $-0{,}3x = 2{,}52$ | Dividiere beide Seiten durch – 0,3 | $L = \{ -8{,}4 \}$ |
| **f)** | $-0{,}75x = -18{,}75$ | Dividiere beide Seiten durch – 0,75 | $L = \{ 25 \}$ |
| **g)** | $2{,}3y = 2{,}3$ | Dividiere beide Seiten durch 2,3 | $L = \{ 1 \}$ |
| **h)** | $12{,}5 = 0{,}01z$ | Dividiere beide Seiten durch 0,01 | $L = \{ 1250 \}$ |
| **i)** | $-3x = -\frac{4}{5}$ | Dividiere beide Seiten durch – 3 | $L = \{ \frac{4}{15} \}$ |
| **j)** | $5x = -\frac{3}{4}$ | Dividiere beide Seiten durch 5 | $L = \{ -\frac{3}{20} \}$ |
| **k)** | $\frac{1}{2} = 7x$ | Dividiere beide Seiten durch 7 | $L = \{ \frac{1}{14} \}$ |
| **l)** | $1{,}9x = -17{,}86$ | Dividiere beide Seiten durch 1,9 | $L = \{ -9{,}4 \}$ |
| **m)** | $-\frac{1}{3}x = -0{,}8$ | Dividiere beide Seiten durch $-\frac{1}{3}$ | $L = \{ 2{,}4 \}$ |

KOHL VERLAG Terme und Gleichungen von Anfang an - Bestell-Nr. 12 008

# Eine Gleichung ist wie eine Waage … (4)

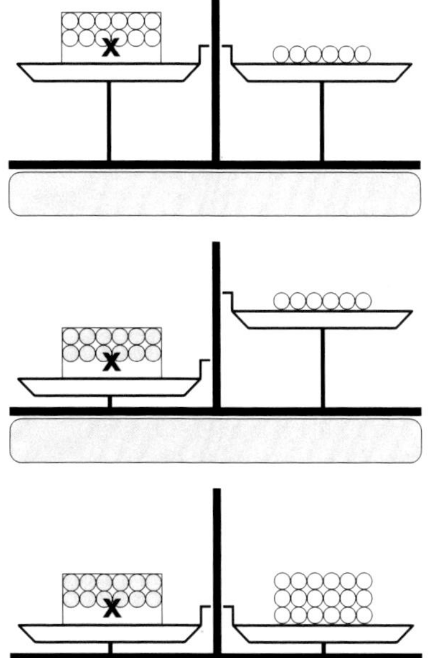

In einem Karton, den du dir nur vorstellst und der also nichts wiegt, befinden sich drei Lagen Kugeln. In jeder Lage ist die gleiche Anzahl Kugeln. Zwei Lagen wurden entfernt und die Waage befindet sich jetzt im Gleichgewicht. Du willst wissen, wie viele Kugeln sich vorher im Karton befanden.

Du füllst den Karton wieder auf, das heißt, du musst den Inhalt des jetzigen Kartons verdreifachen. Klar, die linke Waagschale wird schwerer. Um das Gleichgewicht wieder herzustellen, verdreifachst du die Anzahl der Kugeln auf der rechten Waagschale.

Du kannst jetzt die Lösung abzählen: $L = \{ 18 \}$

*Mathematisch formuliert man das so:*

$$\frac{x}{3} = 6 \quad | \cdot 3$$ *(links und rechts multiplizierst du mit 3)*

$$\frac{3x}{3} = 6 \cdot 3$$

$$x = 18$$

$$L = \{ 18 \}$$

Merke dir also, dass du zum Lösen einer Gleichung beide Seiten der Gleichung mit derselben Zahl multiplizieren darfst. Die Zahl darf aber nicht Null sein.
Mit welcher Zahl würdest du die folgende Gleichung multiplizieren und wie lautet die Lösung?

$$\frac{y}{12} = 24$$



---

28

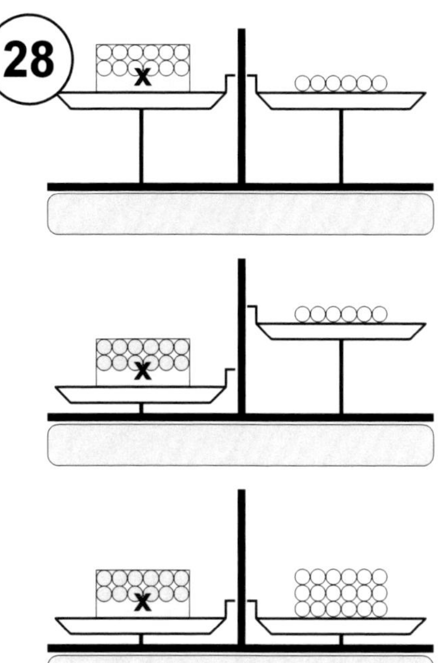

In einem Karton, den du dir nur vorstellst und der also nichts wiegt, befinden sich drei Lagen Kugeln. In jeder Lage ist die gleiche Anzahl Kugeln. Zwei Lagen wurden entfernt und die Waage befindet sich jetzt im Gleichgewicht. Du willst wissen, wie viele Kugeln sich vorher im Karton befanden.

Du füllst den Karton wieder auf, das heißt, du musst den Inhalt des jetzigen Kartons verdreifachen. Klar, die linke Waagschale wird schwerer. Um das Gleichgewicht wieder herzustellen, verdreifachst du die Anzahl der Kugeln auf der rechten Waagschale.

Du kannst jetzt die Lösung abzählen: $L = \{ 18 \}$

*Mathematisch formuliert man das so:*

$$\frac{x}{3} = 6 \quad | \cdot 3$$ *(links und rechts multiplizierst du mit 3)*

$$\frac{3x}{3} = 6 \cdot 3$$

$$x = 18$$

$$L = \{ 18 \}$$

Merke dir also, dass du zum Lösen einer Gleichung beide Seiten der Gleichung mit derselben Zahl multiplizieren darfst. Die Zahl darf aber nicht Null sein.
Mit welcher Zahl würdest du die folgende Gleichung multiplizieren und wie lautet die Lösung?

$\frac{y}{12} = 24$ $\qquad$ $\frac{12 \cdot y}{12} = 24 \cdot 12$ $\qquad$ $y = 288$ $\qquad$ $L = \{ 288 \}$

KOHL VERLAG Terme und Gleichungen von Anfang an - Bestell-Nr. 12 008

# Auf beiden Seiten multiplizieren

Löse die folgenden Gleichungen. Multipliziere jeweils beide Seiten der Gleichung mit derselben Zahl. Ab und zu musst du schon aufpassen und daran denken, dass bei der Multiplikation die dir bekannten Vorzeichenregeln gelten.

| | | | |
|---|---|---|---|
| **a)** | $\frac{x}{5} = 17$ | Multipliziere beide Seiten mit 5 | $L = \{ \quad \}$ |
| **b)** | $\frac{x}{8} = -2{,}4$ | Multipliziere beide Seiten mit 8 | $L = \{ \quad \}$ |
| **c)** | $\frac{x}{7} = 12$ | Multipliziere beide Seiten mit 7 | $L = \{ \quad \}$ |
| **d)** | $-\frac{x}{5} = 0{,}08$ | Multipliziere beide Seiten mit – 5 | $L = \{ \quad \}$ |
| **e)** | $\frac{x}{3} = -2{,}8$ | Multipliziere beide Seiten mit 3 | $L = \{ \quad \}$ |
| **f)** | $-\frac{x}{8} = -15$ | Multipliziere beide Seiten mit – 8 | $L = \{ \quad \}$ |
| **g)** | $\frac{x}{12} = 7\frac{1}{3}$ | Multipliziere beide Seiten mit 12 | $L = \{ \quad \}$ |
| **h)** | $x : 1{,}2 = -4{,}536$ | Multipliziere beide Seiten mit 1,2 | $L = \{ \quad \}$ |
| **i)** | $x : (-0{,}5) = 2{,}7$ | Multipliziere beide Seiten mit – 0,5 | $L = \{ \quad \}$ |
| **j)** | $x : 0{,}01 = -2{,}3$ | Multipliziere beide Seiten mit 0,01 | $L = \{ \quad \}$ |
| **k)** | $\frac{x}{13} = -\frac{6}{39}$ | Multipliziere beide Seiten mit 13 | $L = \{ \quad \}$ |
| **l)** | $-\frac{x}{9} = \frac{2}{3}$ | Multipliziere beide Seiten mit – 9 | $L = \{ \quad \}$ |
| **m)** | $\frac{x}{7} = \frac{3}{7}$ | Multipliziere beide Seiten mit 7 | $L = \{ \quad \}$ |

| | | | |
|---|---|---|---|
| **a)** | $\frac{x}{5} = 17$ | Multipliziere beide Seiten mit 5 | $L = \{ 85 \}$ |
| **b)** | $\frac{x}{8} = -2{,}4$ | Multipliziere beide Seiten mit 8 | $L = \{ -19{,}2 \}$ |
| **c)** | $\frac{x}{7} = 12$ | Multipliziere beide Seiten mit 7 | $L = \{ 84 \}$ |
| **d)** | $-\frac{x}{5} = 0{,}08$ | Multipliziere beide Seiten mit – 5 | $L = \{ -0{,}4 \}$ |
| **e)** | $\frac{x}{3} = -2{,}8$ | Multipliziere beide Seiten mit 3 | $L = \{ -8{,}4 \}$ |
| **f)** | $-\frac{x}{8} = -15$ | Multipliziere beide Seiten mit – 8 | $L = \{ 120 \}$ |
| **g)** | $\frac{x}{12} = 7\frac{1}{3}$ | Multipliziere beide Seiten mit 12 | $L = \{ 88 \}$ |
| **h)** | $x : 1{,}2 = -4{,}536$ | Multipliziere beide Seiten mit 1,2 | $L = \{ -5{,}4432 \}$ |
| **i)** | $x : (-0{,}5) = 2{,}7$ | Multipliziere beide Seiten mit – 0,5 | $L = \{ -1{,}35 \}$ |
| **j)** | $x : 0{,}01 = -2{,}3$ | Multipliziere beide Seiten mit 0,01 | $L = \{ -0{,}023 \}$ |
| **k)** | $\frac{x}{13} = -\frac{6}{39}$ | Multipliziere beide Seiten mit 13 | $L = \{ -2 \}$ |
| **l)** | $-\frac{x}{9} = \frac{2}{3}$ | Multipliziere beide Seiten mit – 9 | $L = \{ -6 \}$ |
| **m)** | $\frac{x}{7} = \frac{3}{7}$ | Multipliziere beide Seiten mit 7 | $L = \{ 3 \}$ |

# 30 Äquivalent, ja oder nein?

Merke dir also: Wenn man auf beiden Seiten einer Gleichung
- dieselbe Zahl addiert oder subtrahiert,
- mit derselben Zahl (außer Null) multipliziert,
- durch dieselbe Zahl (außer Null) dividiert,

dann ändert sich an der Lösung dieser Gleichung nichts.

Die Gleichungen

$x + 7 = 32$ $\quad$ $x + 15 = 40$ $\quad$ $x + 3 = 28$ $\quad$ $x + 1 = 26$ $\quad$ $x - 5 = 20$

haben alle die Lösung 25. Sie sind einfach dadurch entstanden, dass man bei der Gleichung $x = 25$ auf beiden Seiten jeweils dieselbe Zahl addiert oder subtrahiert hat. Solche Gleichungen nennt man **äquivalent** (gleichwertig).

Untersuche einmal, ob die folgenden Gleichungen äquivalent sind.

Sie sind dadurch entstanden, dass auf beiden Seiten der Gleichung mit derselben Zahl multipliziert oder durch dieselbe Zahl dividiert wurde.

Die Buchstaben bei den falschen »Fuffzigern« ergeben ein Lösungswort. Wei heißt es?

| | | | | | | | |
|---|---|---|---|---|---|---|---|
|  N | $x = 3{,}5$ | E | $-15x = -52{,}5$ |  P | $0{,}5x = 7$ | U | $\frac{1}{4}x = 0{,}875$ |
| F | $0{,}25x = 0{,}875$ | A | $x : 5 = -9$ | Z | $\frac{1}{2}x = 1{,}75$ | R | $11{,}7x = 40{,}5$ |
| I | $\frac{x}{10} = 35$ | M | $\frac{x}{15} = 0{,}2\overline{3}$ | O | $-4x = -14$ | S | $\frac{1}{5}x = 3{,}5$ |

---

**30**

P $\quad 0{,}5x = 7$

A $\quad x : 5 = -9$

R $\quad 11{,}7x = 40{,}5$

I $\quad \frac{x}{10} = 35$

S $\quad \frac{1}{5}x = 3{,}5$

**Lösung:** PARIS

# 31 Umformen bis zur Isolation von x

Ziel ist es, Gleichungen so umzuformen, dass man die Lösung sofort ablesen kann. Das ist immer dann gegeben, wenn die Variable »alleine« auf der rechten oder linken Seite der Gleichung steht, wie z. B. x = – 5, y = 2,3, – 16,5 = a.
Welche Mittel stehen dir bei Umformungen zur Verfügung?
Na klar!
Die **Addition** einer Zahl machst du durch **Subtraktion** derselben Zahl rückgängig: x + 3 = 7 (subtrahiere 3) x = 4 $L = \{ 4 \}$
Die **Subtraktion** einer Zahl machst du durch **Addition** derselben Zahl rückgängig: x – 5 = 18 (addiere 5) x = 23 $L = \{ 23 \}$
Die **Multiplikation** einer Zahl machst du durch **Division** derselben Zahl rückgängig: 4x = 24 (dividiere durch 4) x = 6 $L = \{ 6 \}$
Die **Division** einer Zahl machst du durch **Multiplikation** mit derselben Zahl rückgängig: x : 7 = 3 (multipliziere mit 7) x = 21 $L = \{ 21 \}$

Was machst du also mit den folgenden Gleichungen? Welche Zahl addierst oder subtrahierst du, durch welche Zahl dividierst du oder womit multiplizierst du?

| | + | − | · | : |
|---|---|---|---|---|
| **– 2x = 27** | | | | |
| **17 + x = 21** | | | | |
| **y – 23 = – 24** | | | | |
| **x : 0,5 = 12** | | | | |
| **0,5x = 10** | | | | |

Was machst du also mit den folgenden Gleichungen? Welche Zahl addierst oder subtrahierst du, durch welche Zahl dividierst du oder womit multiplizierst du?

| | + | − | · | : |
|---|---|---|---|---|
| **– 2x = 27** | | | | **– 2** |
| **17 + x = 21** | | **17** | | |
| **y – 23 = – 24** | **23** | | | |
| **x : 0,5 = 12** | | | **0,5** | |
| **0,5x = 10** | | | **2** | **0,5** |


KOHL VERLAG Terme und Gleichungen von Anfang an - Bestell-Nr. 12 008

# 32 Isoliere x – Mache es einsam

Löse die unten stehenden Gleichungen. Die Lösungen zeigen dir den Weg durch das Spinnennetz. Das Lösungswort findest du auch noch, oder? Wo allerdings der Anfangspunkt ist, das musst du selbst herausfinden.

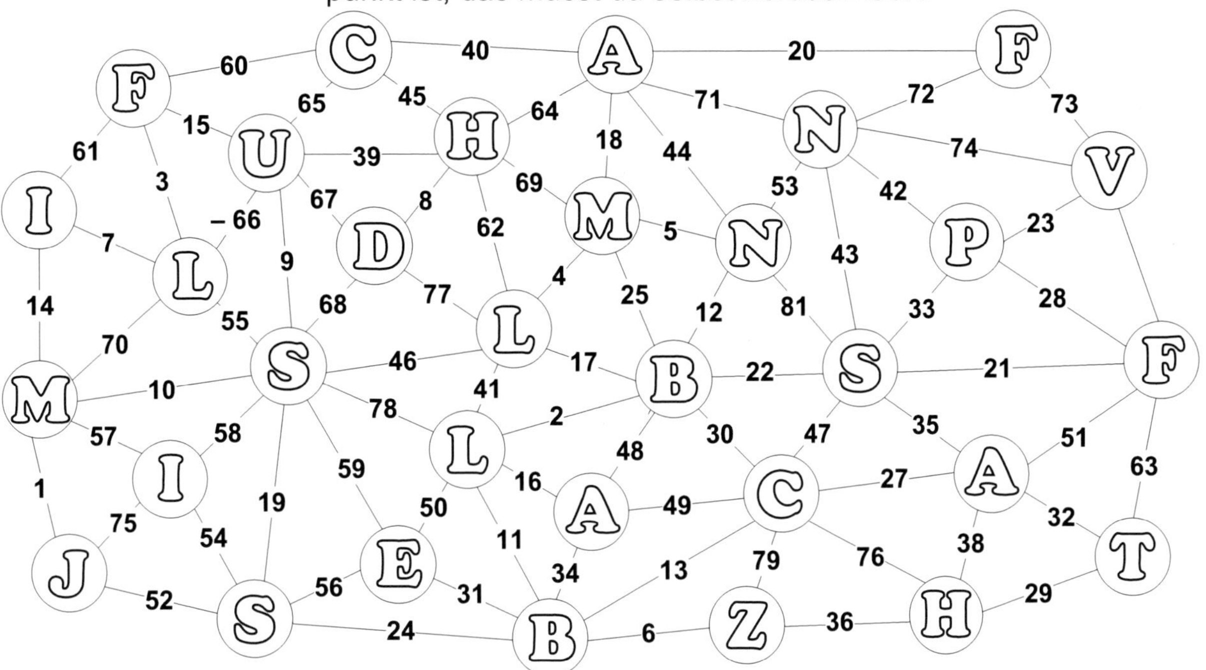


1. $3{,}75x = 56{,}25$ 2. $\frac{x}{5} = 1{,}8$ 3. $-9x = -171$ 4. $\frac{x}{10} = 2{,}4$ 5. $1{,}5x = 51$

6. $-12 - x = -28$ 7. $x - 312 = -271$ 8. $-17x = -68$ 9. $\frac{x}{4} = 4{,}5$

10. $0{,}375x = 16{,}5$ 11. $x : 1{,}5 = 35\frac{1}{3}$ 12. $x + 186 = 229$ 13. $126{,}9 = 2{,}7x$

14. $\frac{x}{5} = 15{,}2$ 15. $-x + 18 = -20$ 14. $\frac{x}{3} = 17$ 17. $0{,}7x = 44{,}1$



32

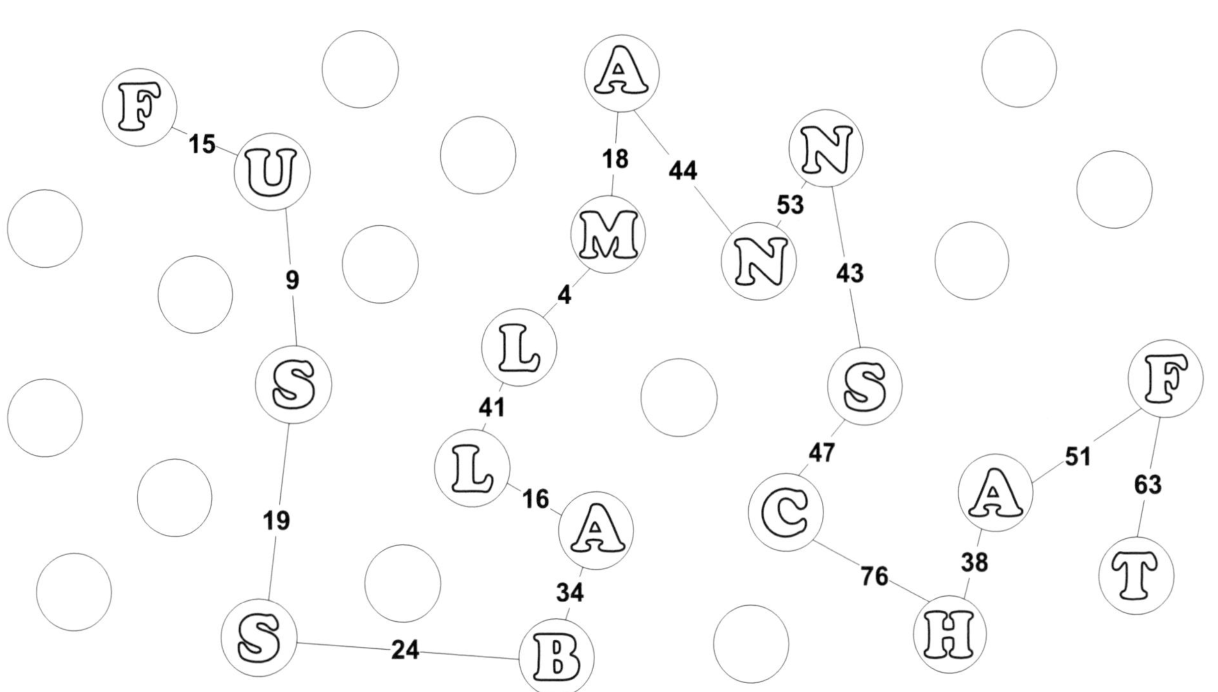


FUSSBALLMANNSCHAFT

Terme und Gleichungen von Anfang an - Bestell-Nr. 12 008
KOHL VERLAG

# 33 Schritt für Schritt zur Lösung

In den seltensten Fällen kommt man bei der Umformung von Gleichungen mit nur einer Rechenart aus. Man muss dann zwei oder drei oder mehr Rechenoperationen durchführen.
Nimm z. B. die Gleichung 3x + 18 = 36.

**1. Möglichkeit**

$$\begin{aligned} 3x + 18 &= 39 \quad | -18 \\ 3x &= 21 \quad | : 3 \\ x &= 7 \\ L &= \{ 7 \} \end{aligned}$$

**2. Möglichkeit**

$$\begin{aligned} 3x + 18 &= 39 \quad | : 3 \\ x + 6 &= 13 \quad | -6 \\ x &= 7 \\ L &= \{ 7 \} \end{aligned}$$

Welche der beiden Möglichkeiten du nutzt, um zur Lösung zu gelangen, bleibt sich gleich. Aber oft ist es günstiger, erst zu addieren oder zu subtrahieren und anschließend erst zu multiplizieren oder zu dividieren.

Welche Aufgaben sind verkehrt gelöst? Korrigiere die Fehler.

**a)**
$$\begin{aligned} -5x - 17 &= 48 \\ -5x &= 31 \\ x &= -6{,}2 \\ L &= \{ -6{,}2 \} \end{aligned}$$

**b)**
$$\begin{aligned} 0{,}2y + 3{,}6 &= 9 \\ y + 18 &= 45 \\ y &= 27 \\ L &= \{ 27 \} \end{aligned}$$

**c)**
$$\begin{aligned} -16 + 4z &= 28 \\ -4 + z &= 28 \\ z &= 32 \\ L &= \{ 32 \} \end{aligned}$$

**d)**
$$\begin{aligned} -21 &= 3x + 24 \\ -3 &= 3x \\ -1 &= x \\ L &= \{ -1 \} \end{aligned}$$

**e)**
$$\begin{aligned} -\tfrac{1}{2}x - 12 &= 14 \\ x + 24 &= -28 \\ x &= -52 \\ L &= \{ -52 \} \end{aligned}$$

**f)**
$$\begin{aligned} -0{,}3w + 1{,}8 &= 12 \\ -0{,}3w &= 10{,}2 \\ w &= -34 \\ L &= \{ -34 \} \end{aligned}$$

**g)**
$$\begin{aligned} -16 - 2z &= 38 \\ 8 + z &= -19 \\ z &= -27 \\ L &= \{ -27 \} \end{aligned}$$

**h)**
$$\begin{aligned} -21 &= \tfrac{1}{3}x + 24 \\ -63 &= x + 24 \\ -87 &= x \\ L &= \{ -87 \} \end{aligned}$$

**a)**
$$\begin{aligned} -5x - 17 &= 48 \\ -5x &= 65 \\ x &= -13 \\ L &= \{ -13 \} \end{aligned}$$

**b)**
$$\begin{aligned} 0{,}2y + 3{,}6 &= 9 \\ y + 18 &= 45 \\ y &= 27 \\ L &= \{ 27 \} \end{aligned}$$

**c)**
$$\begin{aligned} -16 + 4z &= 28 \\ -4 + z &= 7 \\ z &= 11 \\ L &= \{ 11 \} \end{aligned}$$

**d)**
$$\begin{aligned} -21 &= 3x + 24 \\ -45 &= 3x \\ -15 &= x \\ L &= \{ -15 \} \end{aligned}$$

**e)**
$$\begin{aligned} -\tfrac{1}{2}x - 12 &= 14 \\ x + 24 &= -28 \\ x &= -52 \\ L &= \{ -52 \} \end{aligned}$$

**f)**
$$\begin{aligned} -0{,}3w + 1{,}8 &= 12 \\ -0{,}3w &= 10{,}2 \\ w &= -34 \\ L &= \{ -34 \} \end{aligned}$$

**g)**
$$\begin{aligned} -16 - 2z &= 38 \\ 8 + z &= -19 \\ z &= -27 \\ L &= \{ -27 \} \end{aligned}$$

**h)**
$$\begin{aligned} -21 &= \tfrac{1}{3}x + 24 \\ -63 &= x + 72 \\ -135 &= x \\ L &= \{ -135 \} \end{aligned}$$



KOHL VERLAG Terme und Gleichungen von Anfang an - Bestell-Nr. 12 008

# 34 Du brauchst ein einsames x

Löse die folgenden Gleichungen, indem du nacheinander zwei Umformungen durchführst.

| | | |
|---|---|---|
| **a)** | $2x - 23 = -15$ | $L = \{\quad\}$ |
| **b)** | $-0{,}3x + 2{,}8 = 2{,}56$ | $L = \{\quad\}$ |
| **c)** | $17{,}2 - 6x = 21{,}4$ | $L = \{\quad\}$ |
| **d)** | $-6x - 32 = -42{,}8$ | $L = \{\quad\}$ |
| **e)** | $-5 + 3x = 49$ | $L = \{\quad\}$ |
| **f)** | $14 - 7x = 1{,}4$ | $L = \{\quad\}$ |
| **g)** | $-x - 15 = 45$ | $L = \{\quad\}$ |
| **h)** | $38 = 12 + 2x$ | $L = \{\quad\}$ |
| **i)** | $-23{,}2 = -4{,}5x - 8{,}8$ | $L = \{\quad\}$ |
| **j)** | $2\frac{7}{10} = 2x - 3\frac{7}{10}$ | $L = \{\quad\}$ |
| **k)** | $5x - 2\frac{1}{2} = 14\frac{1}{6}$ | $L = \{\quad\}$ |
| **l)** | $2\frac{1}{3}x - 6\frac{1}{2} = 5\frac{1}{6}$ | $L = \{\quad\}$ |
| **m)** | $0{,}25x - 0{,}\overline{3} = -\frac{5}{6}$ | $L = \{\quad\}$ |



34

| | | |
|---|---|---|
| **a)** | $2x - 23 = -15$ | $L = \{ 4 \}$ |
| **b)** | $-0{,}3x + 2{,}8 = 2{,}56$ | $L = \{ 0{,}8 \}$ |
| **c)** | $17{,}2 - 6x = 21{,}4$ | $L = \{ -0{,}7 \}$ |
| **d)** | $-6x - 32 = -42{,}8$ | $L = \{ 1{,}8 \}$ |
| **e)** | $-5 + 3x = 49$ | $L = \{ 18 \}$ |
| **f)** | $14 - 7x = 1{,}4$ | $L = \{ 1{,}8 \}$ |
| **g)** | $-x - 15 = 45$ | $L = \{ -60 \}$ |
| **h)** | $38 = 12 + 2x$ | $L = \{ 13 \}$ |
| **i)** | $-23{,}2 = -4{,}5x - 8{,}8$ | $L = \{ 3{,}2 \}$ |
| **j)** | $2\frac{7}{10} = 2x - 3\frac{7}{10}$ | $L = \{ 3\frac{1}{5} \}$ |
| **k)** | $5x - 2\frac{1}{2} = 14\frac{1}{6}$ | $L = \{ 3\frac{1}{3} \}$ |
| **l)** | $2\frac{1}{3}x - 6\frac{1}{2} = 5\frac{1}{6}$ | $L = \{ 5 \}$ |
| **m)** | $0{,}25x - 0{,}\overline{3} = -\frac{5}{6}$ | $L = \{ -2 \}$ |

KOHL VERLAG Terme und Gleichungen von Anfang an - Bestell-Nr. 12 008

# 35 Und jetzt wird geübt …

Löse einmal die 24 Gleichungen. Die Lösungen verraten dir die Buchstaben, die du in die Mitte setzen musst. Alle Buchstaben zusammen ergeben das lange Lösungswort. Also, wie lautet die Lösungsmenge für die Gleichung – 9x – 16 = – 223?

| | | | | | |
|---|---|---|---|---|---|
| $-9 \cdot x - 16 = -223$ | $23 \cdot x + 15 = 222$ | $1{,}3 \cdot x - 11 = -4{,}5$ | $0{,}2 \cdot x + 3 = 3{,}8$ | $\frac{9}{13} \cdot x - \frac{6}{13} = 3$ | $21 \cdot x + 22 = 400$ |
| $\frac{1}{2} \cdot x + 2 = 13$ | $2{,}1 \cdot x - 8 = 2{,}5$ | $-5 \cdot x + 99 = 9$ | $17 \cdot x - 98 = 293$ | $-7 \cdot x + 17 = -18$ | $\frac{1}{3} \cdot x - 27 = -21$ |
| $2{,}4 \cdot x - 4 = 44$ | $\frac{3}{7} \cdot x + 3 = 12$ | $\frac{2}{7} \cdot x - 10 = -6$ | $9 \cdot x + 5 = 68$ | $38 \cdot x - 25 = 697$ | $0{,}7 \cdot x + 1{,}2 = 1{,}9$ |
| $\frac{5}{2} \cdot x + 14 = 49$ | $\frac{2}{3} \cdot x - 28 = -20$ | $34 \cdot x + 5 = 39$ | $-2 \cdot x - 21 = -35$ | $37 \cdot x + 50 = 235$ | $\frac{1}{5} \cdot x - 2{,}9 = -0{,}1$ |

| A | B | C | D | E | F | G | H | I | J | K | L | M | N | O | P | Q | R | S | T | U | V | W | X | Y | Z |
|---|---|---|---|---|---|---|---|---|---|---|---|---|---|---|---|---|---|---|---|---|---|---|---|---|---|
| {1} | {2} | {3} | {4} | {5} | {6} | {7} | {8} | {9} | {10} | {11} | {12} | {13} | {14} | {15} | {16} | {17} | {18} | {19} | {20} | {21} | {22} | {23} | {24} | {25} | {26} |



---

**35**

$-9x - 16 = -223 \quad | +16$

$-9x = -207 \quad | : (-9)$

$x = 23$

$L = \{ 23 \}$ Trage den Buchstaben W ein

| | | | | | |
|---|---|---|---|---|---|
| $-9 \cdot x - 16 = -223$ **W** | $23 \cdot x + 15 = 222$ **I** | $1{,}3 \cdot x - 11 = -4{,}5$ **E** | $0{,}2 \cdot x + 3 = 3{,}8$ **D** | $\frac{9}{13} \cdot x - \frac{6}{13} = 3$ **E** | $21 \cdot x + 22 = 400$ **R** |
| $\frac{1}{2} \cdot x + 2 = 13$ **V** | $2{,}1 \cdot x - 8 = 2{,}5$ **E** | $-5 \cdot x + 99 = 9$ **R** | $17 \cdot x - 98 = 293$ **W** | $-7 \cdot x + 17 = -18$ **E** | $\frac{1}{3} \cdot x - 27 = -21$ **R** |
| $2{,}4 \cdot x - 4 = 44$ **T** | $\frac{3}{7} \cdot x + 3 = 12$ **U** | $\frac{2}{7} \cdot x - 10 = -6$ **N** | $9 \cdot x + 5 = 68$ **G** | $38 \cdot x - 25 = 697$ **S** | $0{,}7 \cdot x + 1{,}2 = 1{,}9$ **A** |
| $\frac{5}{2} \cdot x + 14 = 49$ **N** | $\frac{2}{3} \cdot x - 28 = -20$ **L** | $34 \cdot x + 5 = 39$ **A** | $-2 \cdot x - 21 = -35$ **G** | $37 \cdot x + 50 = 235$ **E** | $\frac{1}{5} \cdot x - 2{,}9 = -0{,}1$ **N** |

| A | B | C | D | E | F | G | H | I | J | K | L | M | N | O | P | Q | R | S | T | U | V | W | X | Y | Z |
|---|---|---|---|---|---|---|---|---|---|---|---|---|---|---|---|---|---|---|---|---|---|---|---|---|---|
| {1} | {2} | {3} | {4} | {5} | {6} | {7} | {8} | {9} | {10} | {11} | {12} | {13} | {14} | {15} | {16} | {17} | {18} | {19} | {20} | {21} | {22} | {23} | {24} | {25} | {26} |

# 36 Ein paar Rechentipps

Auch bei der folgenden Aufgabe musst du mehrere Rechenoperationen durchführen.

$$\frac{2x}{3} + 18 = 24$$

**1. Möglichkeit**

$$\begin{aligned} \frac{2x}{3} + 18 &= 24 &&| \cdot 3 \\ 2x + 54 &= 72 &&| - 54 \\ 2x &= 18 &&| : 2 \\ x &= 9 \\ L &= \{9\} \end{aligned}$$

**2. Möglichkeit**

$$\begin{aligned} \frac{2x}{3} + 18 &= 24 &&| - 18 \\ \frac{2x}{3} &= 6 &&| \cdot 3 \\ 2x &= 18 &&| : 2 \\ x &= 9 \\ L &= \{9\} \end{aligned}$$

Löse auf ähnliche Weise die folgenden Aufgaben:

a) $\frac{3x}{4} + 2,5 = 7$

b) $\frac{2x}{5} - 8 = -7$

c) $\frac{5x}{8} + 7,5 = 5$

d) $\frac{3x}{7} - 5 = 1$

e) $\frac{2x}{9} - 2 = 2$

f) $\frac{4x}{11} + 7 = 9$

g) $\frac{6x}{7} - (-8) = 11$

h) $\frac{7x}{15} + 2,6 = 4$



---

**36**

a)
$$\begin{aligned} \frac{3x}{4} + 2,5 &= 7 &&| -2,5 \\ \frac{3x}{4} &= 4,5 &&| \cdot 4 \\ 3x &= 18 &&| : 3 \\ x &= 6 \\ L &= \{ 6 \} \end{aligned}$$

b)
$$\begin{aligned} \frac{2x}{5} - 8 &= -7 &&| + 8 \\ \frac{2x}{5} &= 1 &&| \cdot 5 \\ 2x &= 5 &&| : 2 \\ x &= 2,5 \\ L &= \{ 2,5 \} \end{aligned}$$

c)
$$\begin{aligned} \frac{5x}{8} + 7,5 &= 5 &&| - 7,5 \\ \frac{5x}{8} &= -2,5 &&| \cdot 8 \\ 5x &= -20 &&| : 5 \\ x &= -4 \\ L &= \{ -4 \} \end{aligned}$$

d)
$$\begin{aligned} \frac{3x}{7} - 5 &= 1 &&| + 5 \\ \frac{3x}{7} &= 6 &&| \cdot 7 \quad | : 3 \\ x &= 14 \\ L &= \{ 14 \} \end{aligned}$$

e)
$$\begin{aligned} \frac{2x}{9} - 2 &= 2 &&| + 2 \\ \frac{2x}{9} &= 4 &&| \cdot 9 \\ 2x &= 36 &&| : 2 \\ x &= 18 \\ L &= \{ 18 \} \end{aligned}$$

f)
$$\begin{aligned} \frac{4x}{11} + 7 &= 9 &&| - 7 \\ \frac{4x}{11} &= 2 &&| \cdot 11 \\ 4x &= 22 &&| : 4 \\ x &= 5,5 \\ L &= \{ 5,5 \} \end{aligned}$$

g)
$$\begin{aligned} \frac{6x}{7} - (-8) &= 11 &&| + (-8) \\ \frac{6x}{7} &= 3 &&| \cdot 7 \\ 6x &= 21 &&| : 6 \\ x &= 3,5 \\ L &= \{ 3,5 \} \end{aligned}$$

h)
$$\begin{aligned} \frac{7x}{15} + 2,6 &= 4 &&| - 2,6 \\ \frac{7x}{15} &= 1,4 &&| \cdot 15 \quad | : 7 \\ x &= 3 \\ L &= \{ 3 \} \end{aligned}$$

# 37 Es geht noch einfacher

Die 3. Möglichkeit ist vielleicht die einfachste. Du kannst statt $\frac{2x}{3}$ ja auch $\frac{2}{3} \cdot x$ schreiben.
Dann sieht die Aufgabe so aus:

$\mathbf{\frac{2x}{3} + 18 = 24}$ schreibst du als $\mathbf{\frac{2}{3} \cdot x + 18 = 24}$

und löst wie folgt:

$$
\begin{aligned}
\tfrac{2}{3}x + 18 &= 24 \quad &| -18\\
\tfrac{2}{3}x &= 6 \quad &| : \tfrac{2}{3}\\
x &= 9\\
L &= \{9\}
\end{aligned}
$$

*Das Malzeichen darfst du weglassen.*

*$\cdot \frac{3}{2}$ bewirkt dasselbe. Warum?*

Löse auf ähnliche Weise die folgenden Aufgaben:

a) $\frac{2x}{5} + 0{,}6 = 1$

b) $\frac{3x}{5} - 8 = -5{,}6$

c) $\frac{5x}{6} + 7{,}5 = 17{,}5$

d) $\frac{3x}{4} - 5 = 1$

e) $\frac{2x}{3} - 2 = -6$

f) $\frac{4x}{5} + 7 = 5$

g) $\frac{6x}{9} - (-8) = 10$

h) $\frac{7x}{8} + 2{,}6 = 0{,}85$



---

## 37

a)
$$
\begin{aligned}
\tfrac{2}{5}x + 0{,}6 &= 1 \quad &| -0{,}6\\
\tfrac{2}{5}x &= 0{,}4 \quad &| : \tfrac{2}{5}\\
x &= 1\\
L &= \{1\}
\end{aligned}
$$

b)
$$
\begin{aligned}
\tfrac{3}{5}x - 8 &= -5{,}6 \quad &| +8\\
\tfrac{3}{5}x &= 2{,}4 \quad &| : \tfrac{3}{5}\\
x &= 4\\
L &= \{4\}
\end{aligned}
$$

c)
$$
\begin{aligned}
\tfrac{5}{6}x + 7{,}5 &= 17{,}5 \quad &| -7{,}5\\
\tfrac{5}{6}x &= 10 \quad &| : \tfrac{5}{6}\\
x &= 12\\
L &= \{12\}
\end{aligned}
$$

d)
$$
\begin{aligned}
\tfrac{3}{4}x - 5 &= 1 \quad &| +5\\
\tfrac{3}{4}x &= 6 \quad &| : \tfrac{3}{4}\\
x &= 8\\
L &= \{8\}
\end{aligned}
$$

e)
$$
\begin{aligned}
\tfrac{2}{3}x - 2 &= -6 \quad &| +2\\
\tfrac{2}{3}x &= -4 \quad &| : \tfrac{2}{3}\\
x &= -6\\
L &= \{-6\}
\end{aligned}
$$

f)
$$
\begin{aligned}
\tfrac{4}{5}x + 7 &= 5 \quad &| -7\\
\tfrac{4}{5}x &= -2 \quad &| : \tfrac{4}{5}\\
x &= -2{,}5\\
L &= \{-2{,}5\}
\end{aligned}
$$

g)
$$
\begin{aligned}
\tfrac{6}{9}x - (-8) &= 10 \quad &| +(-8)\\
\tfrac{6}{9}x &= 2 \quad &| : \tfrac{6}{9}\\
x &= 3\\
L &= \{3\}
\end{aligned}
$$

h)
$$
\begin{aligned}
\tfrac{7}{8}x + 2{,}6 &= 0{,}85 \quad &| -2{,}6\\
\tfrac{7}{8}x &= -1{,}75 \quad &| : \tfrac{7}{8}\\
x &= -2\\
L &= \{-2\}
\end{aligned}
$$

# 38 Jetzt wird geklammert

Du weißt sicherlich noch, wie man Klammern auflöst. Steht vor der Klammer ein Pluszeichen (+), dann lässt du die Klammern einfach weg:

$$\mathbf{a + (b + 2c - 4d) = a + b + 2c - 4d}$$

Steht vor der Klammer ein Minuszeichen ( – ), dann erhalten alle Glieder in der Klammer entgegengesetzte Rechenzeichen. Das Minuszeichen und die Klammer fallen weg.

$$\mathbf{a - (b + 2c - 4d) = a - b - 2c + 4d}$$

Vor dem b in der Klammer musst du dir ein + denken, das dann zu – wird.

Löse einmal die folgenden Klammern auf und fasse zusammen:

**a)** $6x - (2 + 5x) =$
**b)** $43y - (-12y - 23) =$
**c)** $19z - (z - 7) =$
**d)** $-14w - (-9w + 36) =$
**e)** $q - (5 + 11q) =$
**f)** $-21g - (3h - 27g + 11h) =$
**g)** $65r - (126 + 49r - 96) =$
**h)** $23a - (4b - 5c) + (5b - 12a) =$
**i)** $7a + 3b - 4c - (-5c + 6b - 35a) =$
**j)** $4{,}3x - (2{,}7y - 1{,}9x) + (2{,}6y - 3{,}2x) =$
**k)** $0{,}3x - 4{,}6y - (3{,}1z - 9{,}4y + 2{,}9x) =$
**l)** $17x - (8y + 4z) - (8x - 11z) - (5x - 9y) =$
**m)** $10u - (11v - 9w) - (-7u + 9v - 8w) - (3u + 2v - 5w) =$

**a)** $6x - (2 + 5x) = 1x - 2$ oder $x - 2$
**b)** $43y - (-12y - 23) = 55y + 23$
**c)** $19z - (z - 7) = 18z + 7$
**d)** $-14w - (-9w + 36) = -5w - 36$
**e)** $q - (5 + 11q) = -10q - 5$
**f)** $-21g - (3h - 27g + 11h) = 6g - 14h$
**g)** $65r - (126 + 49r - 96) = 16r - 30$
**h)** $23a - (4b - 5c) + (5b - 12a) = 11a + 1b + 5c$ oder $11a + b + 5c$
**i)** $7a + 3b - 4c - (-5c + 6b - 35a) = 42a - 3b + 1c$ oder $42a - 3b + c$
**j)** $4{,}3x - (2{,}7y - 1{,}9x) + (2{,}6y - 3{,}2x) = 3x - 0{,}1y$
**k)** $0{,}3x - 4{,}6y - (3{,}1z - 9{,}4y + 2{,}9x) = -2{,}6x + 4{,}8y - 3{,}1z$
**l)** $17x - (8y + 4z) - (8x - 11z) - (5x - 9y) = 4x + 1y + 7z$ oder $4x + y + 7z$
**m)** $10u - (11v - 9w) - (-7u + 9v - 8w) - (3u + 2v - 5w) = 14u - 22v + 22w$

KOHL VERLAG Terme und Gleichungen von Anfang an - Bestell-Nr. 12 008

# Jetzt werden die Klammern ausmultipliziert

Weißt du noch, wie man Klammern ausmultipliziert? Klar doch!
Jeder Summand in der Klammer wird mit dem Faktor multipliziert.

$$7 \cdot (4x - 3) = 7 \cdot 4x + 7 \cdot (-3) = 28x - 21$$

*Übrigens kann der Malpunkt zwischen der 7 und der Klammer entfallen*

Multipliziere aus und fasse - wenn möglich - zusammen:

**a)** $4 \cdot (2a - 3b) =$
**b)** $-2 \cdot (4x + 12y) =$
**c)** $a \cdot (2x - 4y) =$
**d)** $17 \cdot (-2{,}5x + 3y - 4z) =$
**e)** $3 \cdot (4x + 2y) - 5 \cdot (2x - 3y) =$
**f)** $(6a - 3b) \cdot 4 + (2b + 3a) \cdot 3 =$
**g)** $a \cdot (a - b) - b \cdot (b - a) =$
**h)** $3 \cdot (4a + 5b) + 4 \cdot (5a - 6b) - 2 \cdot (5a - b) - 12a =$
**i)** $8 \cdot (2a + 4b - 8c) - 5 \cdot (5a - 9b + 10c) + 10 \cdot (-4a + 10b - c) =$
**j)** $a \cdot (4a + 2b) - 2a \cdot (3a - 7b) =$
**k)** $x \cdot (3x + 8y) - 2x \cdot (-3x - 2y) =$
**l)** $-8a \cdot (3a - 4) - (-15a^2 + 8a) =$
**m)** $0{,}5 \cdot (16a - 4b + 3c) - 1{,}7 \cdot (-5a + 4b - 8c) - (12a - 4b + 3c) =$

**a)** $4 \cdot (2a - 3b) = 8a - 12b$
**b)** $-2 \cdot (4x + 12y) = -8x - 24y$
**c)** $a \cdot (2x - 4y) = 2ax - 4ay$
**d)** $17 \cdot (-2{,}5x + 3y - 4z) = -42{,}5x + 51y - 68z$
**e)** $3 \cdot (4x + 2y) - 5 \cdot (2x - 3y) = 2x + 21y$
**f)** $(6a - 3b) \cdot 4 + (2b + 3a) \cdot 3 = 33a - 6b$
**g)** $a \cdot (a - b) - b \cdot (b - a) = a^2 - b^2$
**h)** $3 \cdot (4a + 5b) + 4 \cdot (5a - 6b) - 2 \cdot (5a - b) - 12a = 10a - 7b$
**i)** $8 \cdot (2a + 4b - 8c) - 5 \cdot (5a - 9b + 10c) + 10 \cdot (-4a + 10b - c) = -49a + 177b - 124c$
**j)** $a \cdot (4a + 2b) - 2a \cdot (3a - 7b) = -2a^2 + 16ab$
**k)** $x \cdot (3x + 8y) - 2x \cdot (-3x - 2y) = 9x^2 + 12xy$
**l)** $-8a \cdot (3a - 4) - (-15a^2 + 8a) = -9a^2 + 24a$
**m)** $0{,}5 \cdot (16a - 4b + 3c) - 1{,}7 \cdot (-5a + 4b - 8c) - (12a - 4b + 3c) = 4{,}5a - 4{,}8b + 12{,}1c$

KOHL VERLAG Terme und Gleichungen von Anfang an - Bestell-Nr. 12 008

# 40 Du löst Gleichungen mit Klammern

Wenn du Klammern richtig auflösen kannst, dann stellen dich die folgenden Gleichungen vor keinerlei Probleme. Du löst die Klammern auf und rechnest wie gehabt:

| | |
|---|---|
| $7x - (15 + 2x) = 93$ | *(Löse die Klammer auf)* |
| $7x - 15 - 2x = 93$ | *(Fasse zusammen)* |
| $5x - 15 = 93$ | *(Addiere auf beiden Seiten 15)* |
| $5x = 108$ | *(Dividiere durch 5)* |
| $x = 21{,}6$ | |
| $L = \{ 21{,}6 \}$ | |

Dann löse einmal die folgenden Gleichungen:

**a)** $20 - (8 - x) = 16$
**b)** $8{,}4x - (3{,}2 + 2{,}4x) = 20{,}8$
**c)** $30 + (x - 24) = 46$
**d)** $5x - (4x + 5) = 12$
**e)** $6{,}3 + (x - 2{,}8) = 4{,}1$
**f)** $7{,}5x - (6{,}5x + 0{,}9) = 0{,}6$
**g)** $3x - (15 + 2x) = 75$
**h)** $25 - (x - 9) = 48$
**i)** $3 - (1{,}4 - 2x) = 7$
**j)** $1\frac{1}{3} + (x - \frac{5}{6}) = 2\frac{2}{3}$
**k)** $3\frac{1}{2} - (1\frac{1}{4} - x) = 5\frac{3}{4}$
**l)** $4\frac{1}{3}x - (3\frac{1}{3}x + 1\frac{5}{8}) = 1\frac{3}{4}$
**m)** $-(19x + 7) - (7x - 8) = 53$



---

| | |
|---|---|
| **a)** $20 - (8 - x) = 16$ | $L = \{ 4 \}$ |
| **b)** $8{,}4x - (3{,}2 + 2{,}4x) = 20{,}8$ | $L = \{ 4 \}$ |
| **c)** $30 + (x - 24) = 46$ | $L = \{ 40 \}$ |
| **d)** $5x - (4x + 5) = 12$ | $L = \{ 17 \}$ |
| **e)** $6{,}3 + (x - 2{,}8) = 4{,}1$ | $L = \{ 0{,}6 \}$ |
| **f)** $7{,}5x - (6{,}5x + 0{,}9) = 0{,}6$ | $L = \{ 1{,}5 \}$ |
| **g)** $3x - (15 + 2x) = 75$ | $L = \{ 90 \}$ |
| **h)** $25 - (x - 9) = 48$ | $L = \{ -14 \}$ |
| **i)** $3 - (1{,}4 - 2x) = 7$ | $L = \{ 2{,}7 \}$ |
| **j)** $1\frac{1}{3} + (x - \frac{5}{6}) = 2\frac{2}{3}$ | $L = \{ 2\frac{1}{6} \}$ |
| **k)** $3\frac{1}{2} - (1\frac{1}{4} - x) = 5\frac{3}{4}$ | $L = \{ 3\frac{1}{2} \}$ |
| **l)** $4\frac{1}{3}x - (3\frac{1}{3}x + 1\frac{5}{8}) = 1\frac{3}{4}$ | $L = \{ 3\frac{3}{8} \}$ |
| **m)** $-(19x + 7) - (7x - 8) = 53$ | $L = \{ -2 \}$ |

# Du löst Gleichungen durch Ausmultiplizieren

Wenn du beim Ausmultiplizieren von Klammern keine Schwierigkeiten hast, dann löst du die Gleichung im Handumdrehen.

$$8 \cdot (x + 6) = 44 \qquad \textit{(Multipliziere die Klammer aus)}$$
$$8x + 48 = 44 \qquad \textit{(Subtrahiere 48)}$$
$$8x = -4 \qquad \textit{(Dividiere durch 8)}$$
$$x = -0{,}5$$
$$L = \{ -0{,}5 \}$$

Na, dann löse einmal die folgenden Gleichungen:

**a)** $3 \cdot (2x - 4) = 30$
**b)** $0{,}2 \cdot (6x + 23) = 10{,}6$
**c)** $-3 \cdot (0{,}4x - 0{,}4) = -6$
**d)** $23 - 5 \cdot (x + 4) = -2$
**e)** $(-3x - 4) \cdot 3 = 15$
**f)** $(6 + x) \cdot 5 = 15$
**g)** $-1{,}5 \cdot (6 - 5x) = -61{,}5$
**h)** $2{,}3 \cdot (11 + 1{,}8x) = 8{,}74$
**i)** $-15 - 2 \cdot (6y + 3) = -21$
**j)** $7 + 4{,}5 \cdot (3z - 12{,}4) = -62{,}3$
**k)** $5 \cdot (2x - 7) = -35$
**l)** $21 \cdot (-3x + 5) = 168$
**m)** $(3x - 15) \cdot (-2) = 24$

**a)** $3 \cdot (2x - 4) = 30 \quad 6x - 12 = 30 \quad 6x = 42 \quad x = 7$ — $L = \{ 7 \}$
**b)** $0{,}2 \cdot (6x + 23) = 10{,}6 \quad 1{,}2x + 4{,}6 = 10{,}6 \quad 1{,}2x = 6 \quad x = 5$ — $L = \{ 5 \}$
**c)** $-3 \cdot (0{,}4x - 0{,}4) = -6 \quad -1{,}2x + 1{,}2 = -6 \quad -1{,}2x = -7{,}2 \quad x = 6$ — $L = \{ 6 \}$
**d)** $23 - 5 \cdot (x + 4) = -2 \quad 23 - 5x - 20 = -2 \quad -5x = -5 \quad x = 1$ — $L = \{ 1 \}$
**e)** $(-3x - 4) \cdot 3 = 15$ — $L = \{ -3 \}$
**f)** $(6 + x) \cdot 5 = 15$ — $L = \{ -3 \}$
**g)** $-1{,}5 \cdot (6 - 5x) = -61{,}5$ — $L = \{ -7 \}$
**h)** $2{,}3 \cdot (11 + 1{,}8x) = 8{,}74$ — $L = \{ -4 \}$
**i)** $-15 - 2 \cdot (6y + 3) = -21$ — $L = \{ 0 \}$
**j)** $7 + 4{,}5 \cdot (3z - 12{,}4) = -62{,}3$ — $L = \{ -1 \}$
**k)** $5 \cdot (2x - 7) = -35$ — $L = \{ 0 \}$
**l)** $21 \cdot (-3x + 5) = 168$ — $L = \{ -1 \}$
**m)** $(3x - 15) \cdot (-2) = 24$ — $L = \{ 1 \}$

KOHL VERLAG Terme und Gleichungen von Anfang an - Bestell-Nr. 12 008

## 42 Ein kleines Rätsel gefällig?

Löse die 12 Gleichungen unter den Dreierwaben. Die Lösung zeigt dir, wohin du die Buchstaben zu übertragen hast. Klar, dass sich ein dummer Spruch ergibt.

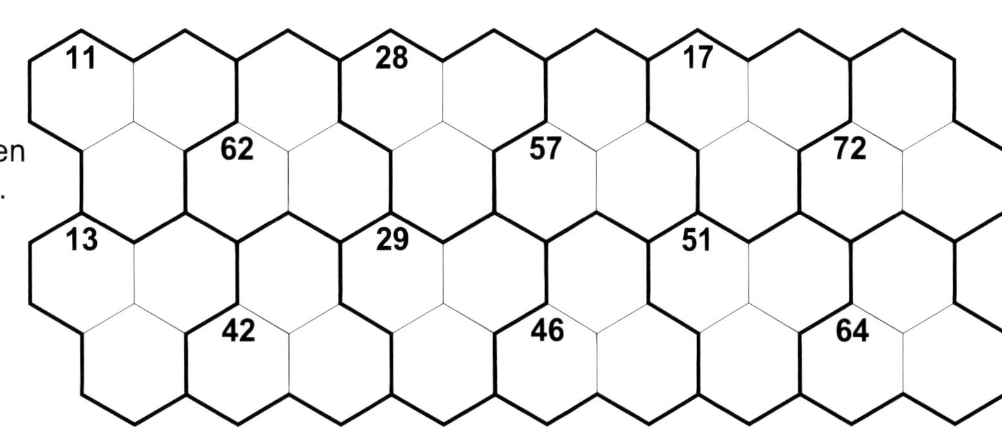


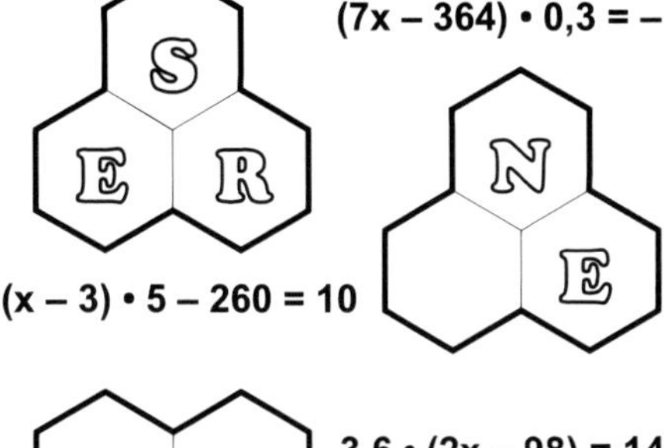


$(7x - 364) \cdot 0{,}3 = -21$

$(x - 3) \cdot 5 - 260 = 10$

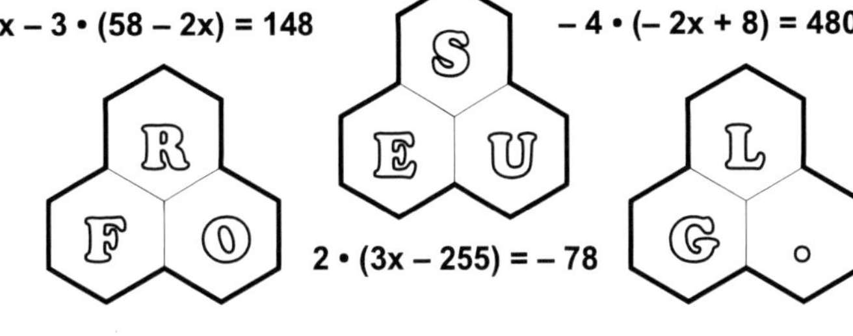


$x - 3 \cdot (58 - 2x) = 148$

$0{,}5x - 25 = 6$

$-4 \cdot (-2x + 8) = 480$

$2 \cdot (3x - 255) = -78$

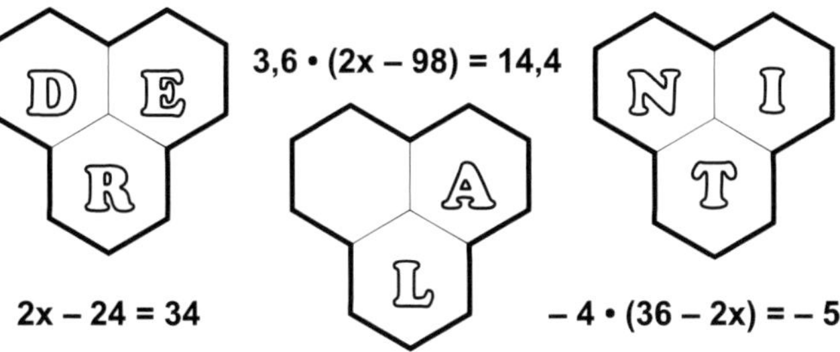


$3{,}6 \cdot (2x - 98) = 14{,}4$

$2x - 24 = 34$

$-4 \cdot (36 - 2x) = -56$

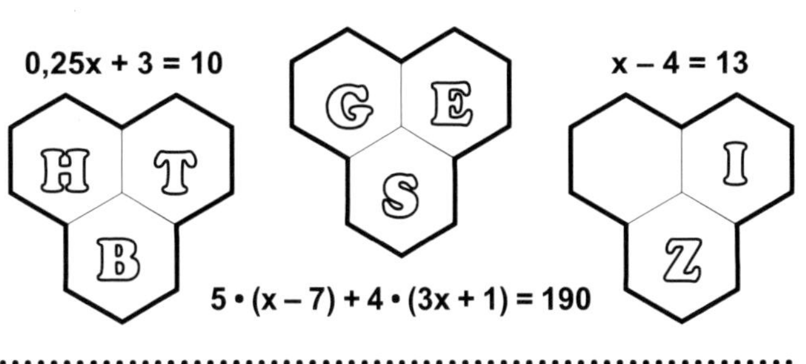


$0{,}25x + 3 = 10$

$x - 4 = 13$

$5 \cdot (x - 7) + 4 \cdot (3x + 1) = 190$

---

## 42

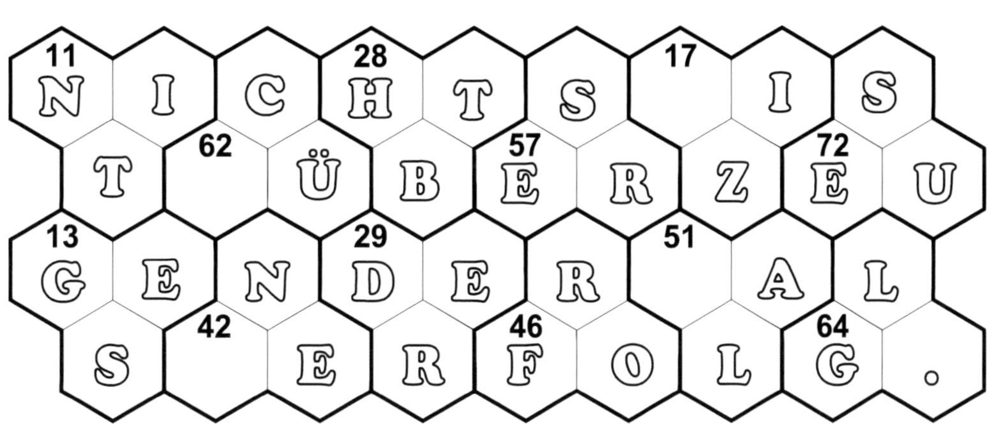


NICHTS IST ÜBERZEUGENDER ALS ERFOLG.

# Eine Klammer mehr oder weniger – was soll's?

Wer eine Klammer ausmultiplizieren kann, der schafft auch noch mehr, wetten?

| | |
|---|---|
| $5 \cdot (4x - 5) + 4 \cdot (3x - 4) = 23$ | *(Multipliziere die Klammern aus)* |
| $20x - 25 + 12x - 16 = 23$ | *(Fasse zusammen)* |
| $32x - 41 = 23$ | *(Addiere 41)* |
| $32x = 64$ | *(Dividiere durch 32)* |
| $x = 2$ | |
| $L = \{ 2 \}$ | |

Auf los geht´s los! Los!

**a)** $5 \cdot (2x + 3) - 2 \cdot (3x - 7) = 37$
**b)** $8 \cdot (x + 3) + 3 \cdot (4x - 11) = 71$
**c)** $12 \cdot (2x + 1) - 15 \cdot (x + 3) = 30$
**d)** $5 \cdot (4x + 13) - 6 \cdot (5x - 12) = 57$
**e)** $0{,}5 \cdot (3x - 7) + 1{,}8 \cdot (2x + 4) = 24{,}1$
**f)** $2 \cdot (0{,}5x + 1{,}25) - (3 - 2x) = 0$
**g)** $3 \cdot (x - 2) + 34 = 10$
**h)** $4 \cdot (-5x + 3) - 5 \cdot (3x + 0{,}2) = 18$
**i)** $2 \cdot (2x + 8) + 3 \cdot (-5x - 2) = 10$
**j)** $0{,}25 \cdot (8x - 24) - 1{,}25 \cdot (16 - 4x) = -40$
**k)** $3 \cdot (x - 2) - (3 - 4x) = 26$
**l)** $(3x - 7) \cdot 7 - (6 + x) \cdot 10 = -120$
**m)** $20 + 5x - [3x - 2 \cdot (x - 1)] = 32$



---

**43**

| | | |
|---|---|---|
| **a)** | $5 \cdot (2x + 3) - 2 \cdot (3x - 7) = 37$ | $L = \{ 2 \}$ |
| **b)** | $8 \cdot (x + 3) + 3 \cdot (4x - 11) = 71$ | $L = \{ 4 \}$ |
| **c)** | $12 \cdot (2x + 1) - 15 \cdot (x + 3) = 30$ | $L = \{ 7 \}$ |
| **d)** | $5 \cdot (4x + 13) - 6 \cdot (5x - 12) = 57$ | $L = \{ 8 \}$ |
| **e)** | $0{,}5 \cdot (3x - 7) + 1{,}8 \cdot (2x + 4) = 24{,}1$ | $L = \{ 4 \}$ |
| **f)** | $2 \cdot (0{,}5x + 1{,}25) - (3 - 2x) = 0$ | $L = \{0{,}1\overline{6}\}$ |
| **g)** | $3 \cdot (x - 2) + 34 = 10$ | $L = \{ -6 \}$ |
| **h)** | $4 \cdot (-5x + 3) - 5 \cdot (3x + 0{,}2) = 18$ | $L = \{ -0{,}2 \}$ |
| **i)** | $2 \cdot (2x + 8) + 3 \cdot (-5x - 2) = 10$ | $L = \{ 0 \}$ |
| **j)** | $0{,}25 \cdot (8x - 24) - 1{,}25 \cdot (16 - 4x) = -40$ | $L = \{ -2 \}$ |
| **k)** | $3 \cdot (x - 2) - (3 - 4x) = 26$ | $L = \{ 5 \}$ |
| **l)** | $(3x - 7) \cdot 7 - (6 + x) \cdot 10 = -120$ | $L = \{ -1 \}$ |
| **m)** | $20 + 5x - [3x - 2 \cdot (x - 1)] = 32$ | $L = \{ 3{,}5 \}$ |

KOHL VERLAG Terme und Gleichungen von Anfang an - Bestell-Nr. 12 008

# Wir machen eigene Gleichungen zum Üben

Übrigens, wenn du einmal mit deinen Klassenkameraden für die nächste Mathearbeit pauken willst, dann stellt euch doch gegenseitig Aufgaben.
Das geht ganz einfach.
Du denkst dir eine Zahl und stellst mit dieser Zahl eine Gleichung auf.

Stell dir vor, du denkst dir die Zahl 6.
Multipliziere diese Zahl mit 1,5. Also 1,5 • 6.
Das Ergebnis ist 9.
Wenn du von diesem Ergebnis die Zahl 4 subtrahierst, erhältst du 5.
Damit steht deine Gleichung fest:

$$1{,}5 \cdot x - 4 = 5$$

Du musst als Lösung 6 erhalten, logo! $L = \{ 6 \}$

Natürlich kannst du mit der Zahl 6 auch ganz komplizierte Gleichungen herstellen:

$$2 \cdot (3x - 5) - 3 \cdot (9 - 0{,}5x) = 0{,}5 \cdot (2x + 4)$$

Löse einmal diese Gleichung. Die Lösungsmenge muss wieder lauten $L = \{ 6 \}$



---

$$\begin{aligned}
2 \cdot (3x - 5) - 3 \cdot (9 - 0{,}5x) &= 0{,}5 \cdot (2x + 4) && |\ \text{Klammern auflösen} \\
6x - 10 - 27 + 1{,}5x &= 1x + 2 && |\ \text{zusammenfassen} \\
7{,}5x - 37 &= 1x + 2 && |\ - 1x \\
6{,}5x - 37 &= 2 && |\ + 37 \\
6{,}5x &= 39 && |\ : 6{,}5 \\
x &= 6 \\
L &= \{ 6 \}
\end{aligned}$$

# 45 Wir machen die Probe

$$
\begin{aligned}
2 \cdot (3x - 5) - 3 \cdot (9 - 0{,}5x) &= 0{,}5 \cdot (2x + 4) && \mid \text{Klammer auflösen} \\
6x - 10 - 27 + 1{,}5x &= 1x + 2 && \mid \text{zusammenfassen} \\
7{,}5x - 37 &= 1x + 2 && \mid -1x \\
6{,}5x - 37 &= 2 && \mid +37 \\
6{,}5x &= 39 && \mid :6{,}5 \\
x &= 6 \\
L &= \{ 6 \}
\end{aligned}
$$

Wenn man sich nicht sicher ist, ob die Lösung richtig ist, dann führt man eine Probe durch. Man setzt die Lösung 6 in die linke und rechte Seite der Gleichung ein und schaut, ob auf beiden Seiten dasselbe Ergebnis herauskommt.

$$
\begin{aligned}
2 \cdot (3x - 5) - 3 \cdot (9 - 0{,}5x) &\overset{?}{=} 0{,}5 \cdot (2x + 4) \\
2 \cdot (3 \cdot 6 - 5) - 3 \cdot (9 - 0{,}5 \cdot 6) &\overset{?}{=} 0{,}5 \cdot (2 \cdot 6 + 4) \\
8 &\overset{?}{=} 8
\end{aligned}
$$

Jemand hat für die folgende Gleichung als Ergebnis 4 erhalten. Sein Nachbar ermittelt $L = \{ 3 \}$. Welches Ergebnis stimmt? Mache die Probe.

$$9 \cdot (6x + 7) + 4 \cdot (20x - 12) + 78 = 15 \cdot (9x + 13) - 7 \cdot (6x - 3)$$

---

**45**

Probe:

$$9 \cdot (6x + 7) + 4 \cdot (20x - 12) + 78 = 15 \cdot (9x + 13) - 7 \cdot (6x - 3)$$

Setze die Lösung 4 in die linke und rechte Seite der Gleichung ein:

$$
\begin{aligned}
9 \cdot (6 \cdot 4 + 7) + 4 \cdot (20 \cdot 4 - 12) + 78 &\overset{?}{=} 15 \cdot (9 \cdot 4 + 13) - 7 \cdot (6 \cdot 4 - 3) \\
9 \cdot 31 + 4 \cdot 68 + 78 &\overset{?}{=} 15 \cdot 49 - 7 \cdot 21 \\
279 + 272 + 78 &\overset{?}{=} 735 - 147 \\
629 &\overset{?}{=} 588
\end{aligned}
$$

Die Lösung 4 kann nicht stimmen. Probiere es eimal mit $L = \{ 3 \}$.

$$
\begin{aligned}
9 \cdot (6 \cdot 3 + 7) + 4 \cdot (20 \cdot 3 - 12) + 78 &\overset{?}{=} 15 \cdot (9 \cdot 3 + 13) - 7 \cdot (6 \cdot 3 - 3) \\
9 \cdot 25 + 4 \cdot 48 + 78 &\overset{?}{=} 15 \cdot 40 - 7 \cdot 15 \\
225 + 192 + 78 &\overset{?}{=} 600 - 105 \\
495 &\overset{?}{=} 495
\end{aligned}
$$




Terme und Gleichungen von Anfang an - Bestell-Nr. 12 008
KOHL VERLAG

# 46 Eine oder keine Lösung, unendlich viele Lösungen

Nicht immer erhält man eine Lösung wie 7 oder – 5.
Es kann schon mal vorkommen, dass bei den einzelnen Umformungen die Variable wegfällt:

***1. Fall:***

$$\begin{aligned} 7 \cdot (4x + 3) &= 28x + 15 && | \text{ Klammer auflösen} \\ 28x + 21 &= 28x + 15 && | - 28x \\ 21 &= 15 \end{aligned}$$

Egal, welche Zahl du auch für x einsetzt, der Wert auf der linken Seite der Gleichung wird immer um 6 größer sein als der Wert auf der rechten Seite der Gleichung.
Man sagt, dass es kein x gibt, das die Gleichung erfüllt und kürzt das so ab: $L = \{\ \}$ *(leere Menge)*

***2. Fall:***

$$\begin{aligned} 4 \cdot (4x + 3) - 7 &= 16x + 5 && | \text{ Klammer auflösen} \\ 16x + 12 - 7 &= 16x + 5 && | - 16x \\ 5 &= 5 \end{aligned}$$

Egal, welche Zahl du auch für x einsetzt, der Wert auf der linken Seite der Gleichung wird immer genau so groß sein wie der Wert auf der rechten Seite der Gleichung.
Man sagt, dass jedes x die Gleichung erfüllt und kürzt das so ab: $L = \mathbb{Q}$

Eine Lösung, keine Lösung oder unendlich viele Lösungen, that´s the question?

$$7x - 2 \cdot (x + 3) = 2{,}5 \cdot (2x + 4) - 4$$



---

$$\begin{aligned} 7x - 2 \cdot (x + 3) &= 2{,}5 \cdot (2x + 4) - 4 && | \text{ Klammer auflösen} \\ 7x - 2x - 6 &= 5x + 10 - 4 && | \text{ zusammenfassen} \\ 5x - 6 &= 5x + 6 && | - 5x \\ -6 &= 6 \\ L &= \{\ \} \end{aligned}$$

KOHL VERLAG Terme und Gleichungen von Anfang an - Bestell-Nr. 12 008

# Eine, keine, ganz, ganz viele?

Löse einmal die 12 Gleichungen. Einer der sieben Vorschläge auf der rechten Seite ist sicherlich die Lösung. Welcher? Dein Ergebnis liefert dir auch den Lösungsbuchstaben. Aneinander gereiht ergibt sich - wie üblich - ein Lösungswort.

| ? Wie lautet die Lösung? | A | D | E | H | I | L | P |
|---|---|---|---|---|---|---|---|
| 9,5x + 5 + 6x = – 5 + 15,5x | 2 | 1 | Q | 7 | 4 | 8 | { } |
| 3 • (x + 6) – 15 = 2x + 5 | 9 | { } | 3 | 2 | Q | 7 | 1 |
| 4 • (x + 4) – 3 • (2x + 5) = 4x – 35 | Q | 10 | 4 | 7 | 6 | 2 | 8 |
| 6 • (x – 2) = 3 • (2x – 2) + 6 | 4 | 25 | 12 | 5 | 8 | { } | 14 |
| 3 • (2x – 5) + 11 = 6x – 4 | Q | 5 | 9 | { } | 1 | 15 | 2 |
| 4 • (x + 5) = 2 • (2x + 11) – 2 | 11 | Q | { } | 13 | 9 | 6 | 7 |
| 7,5x – 3 • (12 + 2,5x) = – 36 | 10 | 9 | Q | 12 | 14 | { } | 15 |
| (x – 2) • 5 = 2 • (x + 4) | { } | 5 | 25 | Q | 1 | 6 | 3 |
| 13x – 6 + 2x + 8 = 15x + 5 – 3x | 12 | 3 | Q | 10 | 7 | { } | 1 |
| (18x + 19) – (12x – 11) = (21x + 5) – (15x – 25) | 1 | 8 | 27 | Q | 32 | 12 | { } |
| 4 • (x + 3) = 5 • (2x + 11) – 85 | 5 | 3 | { } | 8 | 7 | 10 | Q |
| 0,25 • (8x – 24) = 8x + 2 – 6x + 4 | { } | 12 | 8 | 1 | Q | 9 | 10 |

| ? Wie lautet die Lösung? | A | D | E | H | I | L | P |
|---|---|---|---|---|---|---|---|
| 9,5x + 5 + 6x = – 5 + 15,5x | | | | | | | { } |
| 3 • (x + 6) – 15 = 2x + 5 | | | | 2 | | | |
| 4 • (x + 4) – 3 • (2x + 5) = 4x – 35 | | | | | 6 | | |
| 6 • (x – 2) = 3 • (2x – 2) + 6 | | | | | | { } | |
| 3 • (2x – 5) + 11 = 6x – 4 | Q | | | | | | |
| 4 • (x + 5) = 2 • (2x + 11) – 2 | | Q | | | | | |
| 7,5x – 3 • (12 + 2,5x) = – 36 | | | Q | | | | |
| (x – 2) • 5 = 2 • (x + 4) | | | | | | 6 | |
| 13x – 6 + 2x + 8 = 15x + 5 – 3x | | | | | | | 1 |
| (18x + 19) – (12x – 11) = (21x + 5) – (15x – 25) | | | | Q | | | |
| 4 • (x + 3) = 5 • (2x + 11) – 85 | | | | | 7 | | |
| 0,25 • (8x – 24) = 8x + 2 – 6x + 4 | { } | | | | | | |

PHILADELPHIA

KOHL VERLAG Terme und Gleichungen von Anfang an - Bestell-Nr. 12 008

# Wir lösen Summenterme auf, jeder mit jedem

Weißt du noch, wie man zwei Summenterme auflöst? Jeder Summand des ersten Terms wird mit jedem Summanden des zweiten Terms multipliziert.

$$(2x + 5) \cdot (4x - 3) = 8x^2 - 6x + 20x - 15$$

*Das lässt sich noch zusammmenfassen zu*

$8x^2 + 14x - 15$

Löse die Summenterme auf und fasse - wenn möglich - zusammen:

**a)** $(a + 4) \cdot (a + 7) =$

**b)** $(-2 + 4x) \cdot (3 + 12x) =$

**c)** $(x + 2) \cdot (y + 3) =$

**d)** $(x + y) \cdot (z + w) =$

**e)** $(4x + 2y) \cdot (2x - 3y) =$

**f)** $(n - m) \cdot (m - n) =$

**g)** $(a - b) \cdot (c - d) =$

**h)** $(x - 6) \cdot (y + 7) =$

**i)** $(6x + 3y) \cdot (2a - 3b) =$

**j)** $(7m + 30) \cdot (20 + m) =$

**k)** $(-5a - 3b) \cdot (3x - y + 2z) =$

**l)** $(3a + 4b) \cdot (7a + 8b) + (7a + 3b) \cdot (4a - 5b) =$

**m)** $12ab - (4b + 3a) \cdot (11a - 7b) + 20ab =$

KOHL VERLAG Terme und Gleichungen von Anfang an - Bestell-Nr. 12 008

---

**a)** $(a + 4) \cdot (a + 7) = a^2 + 7a + 4a + 28 = a^2 + 11a + 28$

**b)** $(-2 + 4x) \cdot (3 + 12x) = -6 - 24x + 12x + 48x^2 = -6 - 12x + 48x^2$

**c)** $(x + 2) \cdot (y + 3) = xy + 3x + 2y + 6$

**d)** $(x + y) \cdot (z + w) = xy + xw + yz + yw$

**e)** $(4x + 2y) \cdot (2x - 3y) = 8x^2 - 8xy - 6y^2$

**f)** $(n - m) \cdot (m - n) = 2nm - n^2 - m^2$

**g)** $(a - b) \cdot (c - d) = ac - ad - bc + bd$

**h)** $(x - 6) \cdot (y + 7) = xy + 7x - 6y - 42$

**i)** $(6x + 3y) \cdot (2a - 3b) = 12ax - 18bx + 6ay - 9by$

**j)** $(7m + 30) \cdot (20 + m) = 170m + 7m^2 + 600$

**k)** $(-5a - 3b) \cdot (3x - y + 2z) = -15ax + 5ay - 10az - 9bx + 3by - 6bz$

**l)** $(3a + 4b) \cdot (7a + 8b) + (7a + 3b) \cdot (4a - 5b) = 49a^2 + 29ab + 17b^2$

**m)** $12ab - (4b + 3a) \cdot (11a - 7b) + 20ab = 9ab + 28b^2 - 33a^2$

KOHL VERLAG Terme und Gleichungen von Anfang an - Bestell-Nr. 12 008

# 49 Es wird noch einmal geklammert

Löse einmal die 10 Gleichungen. Eine der acht Zahlen auf der rechten Seite ist sicherlich die Lösung. Welche? Diese Zahl liefert dir auch den Lösungsbuchstaben. Aneinander gereiht ergibt sich - wie üblich - ein Lösungswort.

| ? Wie lautet die Lösung? | A | D | I | N | O | R | S | U |
|---|---|---|---|---|---|---|---|---|
| $18x - (7 + 12x) - (5x - 8) = 2$ | 2 | 1 | 6 | 7 | 4 | 8 | 5 | 3 |
| $(9x - 12) - (5x - 8) - (3x - 15) = 14$ | 9 | 5 | 3 | 2 | 8 | 7 | 1 | 4 |
| $(7{,}2x + 3{,}5) + (2{,}4x - 9) - (8{,}6x - 9{,}5) = 11$ | 5 | 10 | 4 | 7 | 6 | 2 | 8 | 11 |
| $15 \cdot (20 - 2x) = 5 \cdot (3x - 12)$ | 4 | 25 | 12 | 5 | 8 | 11 | 14 | 1 |
| $15 \cdot (5x - 4) - (3x + 1) = 40x + 3$ | 3 | 5 | 9 | 10 | 1 | 15 | 2 | 4 |
| $(x + 7) \cdot (x + 9) - (x + 5) \cdot (x + 10) - 24 = 0$ | 11 | 10 | 5 | 13 | 9 | 6 | 7 | 1 |
| $(x - 12) \cdot (x + 15) - (x + 5) \cdot (x + 1) = 25 - 10x$ | 10 | 9 | 3 | 12 | 14 | 8 | 15 | 30 |
| $(x + 6) \cdot (x - 4) - (x + 8) \cdot (x - 5) = 4x - 14$ | 13 | 5 | 25 | 14 | 1 | 6 | 3 | 8 |
| $6 \cdot (3x - 7) = 8 \cdot (2x - 4)$ | 12 | 3 | 18 | 10 | 7 | 8 | 1 | 5 |
| $(3x - 5) \cdot 7 - 8x = 6x + 7$ | 1 | 8 | 27 | 3 | 32 | 12 | 6 | 10 |

KOHL VERLAG Terme und Gleichungen von Anfang an - Bestell-Nr. 12 008

---

**49**

$$\begin{aligned} 18x - (7 + 12x) - (5x - 8) &= 2 \\ 18x - 7 - 12x - 5x + 8 &= 2 \\ 1x + 1 &= 2 \\ x &= 1 \\ L &= \{ 1 \} \end{aligned}$$

| ? Wie lautet die Lösung? | A | D | I | N | O | R | S | U |
|---|---|---|---|---|---|---|---|---|
| $18x - (7 + 12x) - (5x - 8) = 2$ | | 1 | | | | | | |
| $(9x - 12) - (5x - 8) - (3x - 15) = 14$ | | | 3 | | | | | |
| $(7{,}2x + 3{,}5) + (2{,}4x - 9) - (8{,}6x - 9{,}5) = 11$ | | | | 7 | | | | |
| $15 \cdot (20 - 2x) = 5 \cdot (3x - 12)$ | | | | | 8 | | | |
| $15 \cdot (5x - 4) - (3x + 1) = 40x + 3$ | | | | | | | 2 | |
| $(x + 7) \cdot (x + 9) - (x + 5) \cdot (x + 10) - 24 = 0$ | 11 | | | | | | | |
| $(x - 12) \cdot (x + 15) - (x + 5) \cdot (x + 1) = 25 - 10x$ | | | | | | | | 30 |
| $(x + 6) \cdot (x - 4) - (x + 8) \cdot (x - 5) = 4x - 14$ | | | | | | 6 | | |
| $6 \cdot (3x - 7) = 8 \cdot (2x - 4)$ | | | | | | | | 5 |
| $(3x - 5) \cdot 7 - 8x = 6x + 7$ | | | | | | | 6 | |

DINOSAURUS

KOHL VERLAG Terme und Gleichungen von Anfang an - Bestell-Nr. 12 008

# 50 Und noch mehr klammern

Den Weg durch das Labyrinth findest du, indem du die 14 Aufgaben löst. Deine Lösungen weisen dir den richtigen Pfad. Reihe alle Buchstaben, die rechts und links des Weges liegen, aneinander. Wie heißt das Lösungswort?

| Start | –2 | 11 | 1,2 | 2 | 31 | –3 |
|---|---|---|---|---|---|---|
| | H K E O | A C I | R B R | T E S | U S A | V L D |
| 36 | 4,1 | 10 | –7,6 | 32 | –24 | –5,8 |
| | A L N | F I | D K | N A | E V | A R |
| 8 | 13 | 1 | 6 | 4,5 | 23 | 5,9 |
| | E S A | N C | N H | S M | L A | R U |
| 33 | 0,5 | 3 | –13 | 34 | 35 | –6 |
| | S T S | K O | F L | P R | H I | O E |
| –15 | –21 | 18 | –1 | 1,3 | –19 | 0,6 |

1. $(x + 3)(x - 4) = x^2 - 10$
2. $x(x - 5) = (x + 22)(x - 9)$
3. $(x + 7)(x - 4) = x^2 + 2$
4. $(2x + 1)(3x - 1) = 6x^2$
5. $(x - 2)(x - 5) = x^2 - 81$
6. $(8 - 2x)(9 - x) = 2x^2 + 118x$
7. $(3x - 9)(4x + 5) = (2x - 6)(6x + 2)$
8. $(3x - 5)(3x + 2) = 9x^2 + 107$
9. $(x + 3)(x + 5) + (11 + x)x = 2x^2 - 4$
10. $(x + 3)(2x - 7) = 2x^2 - 39$
11. $(x + 7)(x + 9) - (x + 5)(x + 10) + 8 = 0$
12. $(-x + 1)(x + 26) = (-x - 23)(x - 7)$
13. $(x - 8)(10x - 132) = (2x - 11)(5x - 75)$
14. $(4x + 1)(7x + 4) = (14x + 1)(2x - 1) + 285$

---

**50**

$$(x + 3) \cdot (x - 4) = x^2 - 10$$
$$x^2 + 3x - 4x - 12 = x^2 - 10 \quad | -x^2$$
$$-1x - 12 = -10 \quad | +12$$
$$-1x = 2 \quad | : (-1)$$
$$x = -2$$
$$L = \{-2\}$$

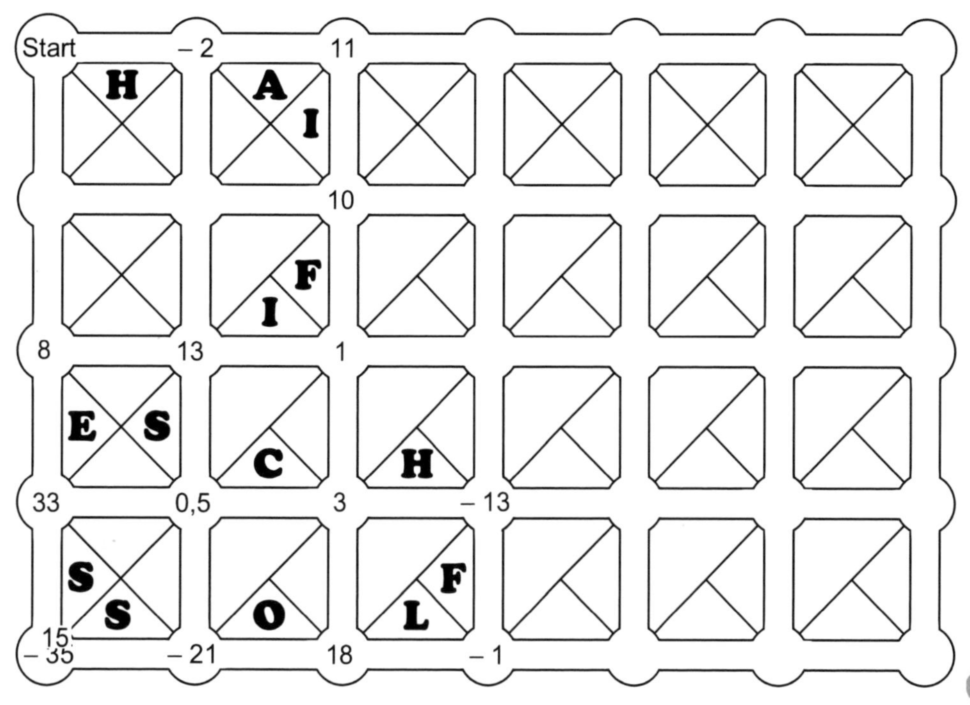


HAIFISCHFLOSSE



Terme und Gleichungen von Anfang an - Bestell-Nr. 12 008 – KOHL VERLAG

# Siamsische Zwillinge – Binome

Beim Ausmultiplizieren von Klammern kann es schon mal sein, dass in jeder Klammer gleiche Terme vorkommen.
Nimm z. B. $(x + 5) \cdot (x + 5)$ oder $(x - 5) \cdot (x - 5)$.
Für $\mathbf{(x + 5) \cdot (x + 5)}$ schreibt der Mathematiker kürzer $\mathbf{(x + 5)^2}$,
$\mathbf{(x - 5) \cdot (x - 5)}$ verkürzt sich zu $\mathbf{(x - 5)^2}$.
Weil in den Klammern zweigliedrige Summen oder Differenzen stehen, nennt man solche Terme **Binome** [ bi *(lat.)* = zwei ]. In der Mathematik werden daher die folgenden drei Formeln als **binomische Formeln** bezeichnet:

$$(a + b)^2 = a^2 + ab + ab + b^2 = a^2 + 2ab + b^2$$
$$(a - b)^2 = a^2 - ab - ab + b^2 = a^2 - 2ab + b^2$$
$$(a + b) \cdot (a - b) = a^2 + ab - ab - b^2 = a^2 - b^2$$

Löse mit Hilfe der binomischen Formeln:

**a)** $(5x - 2)^2 =$

**b)** $(20x - 10y)^2 =$

**c)** $(8m + 3) \cdot (8m - 3) =$

**d)** $(2r - 4s)^2 =$

**e)** $(3s + 6t) \cdot (3s - 6t) =$

**f)** $(25 - 4x)^2 =$

**g)** $(25 - 12y) \cdot (25 + 12y) =$

**h)** $(2a - 3b) \cdot (2a + 3b) =$

**i)** $(0{,}5x + 2{,}5y)^2 =$

**j)** $(\frac{1}{2}a - \frac{1}{3}b)^2 =$

**k)** $(3g + 4)^2 =$

**l)** $(4m - 25n)^2 =$

KOHL VERLAG Terme und Gleichungen von Anfang an - Bestell-Nr. 12 008

**a)** $(5x - 2)^2 = 25x^2 - 20x + 4$

**b)** $(20x - 10y)^2 = 400x^2 - 400xy + 100y^2$

**c)** $(8m + 3) \cdot (8m - 3) = 64m^2 - 9$

**d)** $(2r - 4s)^2 = 4r^2 - 16rs + 16s^2$

**e)** $(3s + 6t) \cdot (3s - 6t) = 9s^2 - 36t^2$

**f)** $(25 - 4x)^2 = 625 - 200x + 16x^2$

**g)** $(25 - 12y) \cdot (25 + 12y) = 625 - 144y^2$

**h)** $(2a - 3b) \cdot (2a + 3b) = 4a^2 - 9b^2$

**i)** $(0{,}5x + 2{,}5y)^2 = 0{,}25x^2 + 2{,}5xy + 6{,}25y^2$

**j)** $(\frac{1}{2}a - \frac{1}{3}b)^2 = \frac{1}{4}a^2 - \frac{1}{3}ab + \frac{1}{9}b^2$

**k)** $(3g + 4)^2 = 9g^2 + 24g + 16$

**l)** $(4m - 25n)^2 = 16m^2 - 200mn + 625n^2$

KOHL VERLAG Terme und Gleichungen von Anfang an - Bestell-Nr. 12 008

# Wir formen Binome

Weil du später in Klasse 9 mit den binomischen Formeln noch viel »um die Ohren haben wirst«, habe ich dir zur Übung ein paar Aufgaben zusammengestellt, um dich vor dem Ärgsten zu bewahren.
Schreibe mit Hilfe der 1. oder 2. binomischen Formel als Quadrat:

**a)** $x^2 + 12x + 36 = (\qquad)^2$

**b)** $x^2 - 18x + 81 = (\qquad)^2$

**c)** $x^2 - 7x + 12{,}25 = (\qquad)^2$

**d)** $x^2 + 5x + 6{,}25 = (\qquad)^2$

**e)** $x^2 - 1{,}5x + 0{,}5625 = (\qquad)^2$

**f)** $x^2 - 0{,}8x + 0{,}16 = (\qquad)^2$

**g)** $x^2 - 0{,}2x + 0{,}01 = (\qquad)^2$

**h)** $x^2 + 1{,}4x + 0{,}49 = (\qquad)^2$

**i)** $x^2 + 10x + 25 = (\qquad)^2$

**j)** $m^2 - 2mn + n^2 = (\qquad)^2$

**k)** $25a^2 - 40ab + 16b^2 = (\qquad)^2$

**l)** $a^2 - 6a + 9 = (\qquad)^2$

**m)** $225a^2 + 180ax + 36x^2 = (\qquad)^2$

KOHL VERLAG Terme und Gleichungen von Anfang an - Bestell-Nr. 12 008

---

**a)** $x^2 + 12x + 36 = (x + 6)^2$

**b)** $x^2 - 18x + 81 = (x - 9)^2$

**c)** $x^2 - 7x + 12{,}25 = (x - 3{,}5)^2$

**d)** $x^2 + 5x + 6{,}25 = (x + 2{,}5)^2$

**e)** $x^2 - 1{,}5x + 0{,}5625 = (x - 0{,}75)^2$

**f)** $x^2 - 0{,}8x + 0{,}16 = (x - 0{,}4)^2$

**g)** $x^2 - 0{,}2x + 0{,}01 = (x - 0{,}1)^2$

**h)** $x^2 + 1{,}4x + 0{,}49 = (x + 0{,}7)^2$

**i)** $x^2 + 10x + 25 = (x + 5)^2$

**j)** $m^2 - 2mn + n^2 = (m - n)^2$

**k)** $25a^2 - 40ab + 16b^2 = (5a - 4b)^2$

**l)** $a^2 - 6a + 9 = (a - 3)^2$

**m)** $225a^2 + 180ax + 36x^2 = (15a + 6x)^2$

KOHL VERLAG Terme und Gleichungen von Anfang an - Bestell-Nr. 12 008

# 53 Gleichungen mit Binomen

Den Weg durch das Buchstabenlabyrinth findest du, indem du die 17 Aufgaben löst.
Die Lösungen zeigen dir den Weg. Reihe alle Buchstaben, die du passierst, aneinander.
Es ergibt sich ein englisches Sprichwort.

$(x-7)\cdot(x+5)=(x-3)^2$

$(x-1)^2+(x+3)^2=(x-2)^2+(x+4)^2-2{,}5x$

$(x+3)^2+(x+2)^2-(x+5)^2=(x-2)^2-12$

$x^2+(x+4)^2=(x+12)\cdot(x-7)+(x+8)\cdot(x+9)$

$(x+4)^2-(x+1)^2=(x+7)\cdot 5$

$(x+2)^2+(x-4)^2=2\cdot(x+1)^2-5x$

$7x^2-6\cdot(x+1)^2=(x-4)^2+7x$

$(3x-7)^2-(5x-7)^2+16\cdot(x-1)^2-32=0$

$(x-1)^2-(x+7)\cdot(x-7)=x^2-(x-2)^2$

$(x+4)^2-(x+2)^2=3\cdot(x+5)$

$(x+1)^2-(x-1)^2=x^2-(x-2)^2+0{,}5x$

$(x+5)^2+(x-3)^2-(x-2)^2=x\cdot(x+11)$

$(x+3)^2-(x+5)^2=(x-7)^2-(x-8)^2-5x$

$(4x+3)^2+(3x-1)^2=(5x+4)\cdot(5x-4)+16x$

$(x+4)^2-(x-6)^2=(x+2)^2-(x+3)^2-147$

$(x+9)^2-(x+4)^2=(x+7)^2-(x-2)^2+4\cdot(x+20)$

$(13x-18)^2-(5x+3)^2=(12x-17)^2-88x$

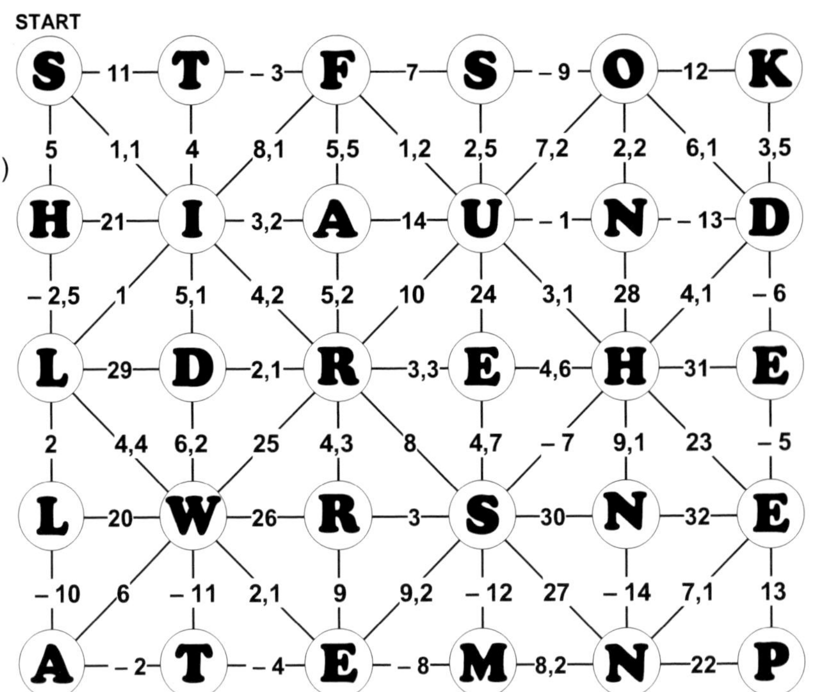


Terme und Gleichungen von Anfang an - Bestell-Nr. 12 008
KOHL VERLAG

$$(x-7)\cdot(x+5)=(x-3)^2$$
$$x^2+5x-7x-35=x^2-6x+9$$
$$x^2-2x-35=x^2-6x+9$$
$$-2x-35=-6x+9$$
$$4x-35=9$$
$$4x=44$$
$$x=11$$
$$L=\{11\}$$

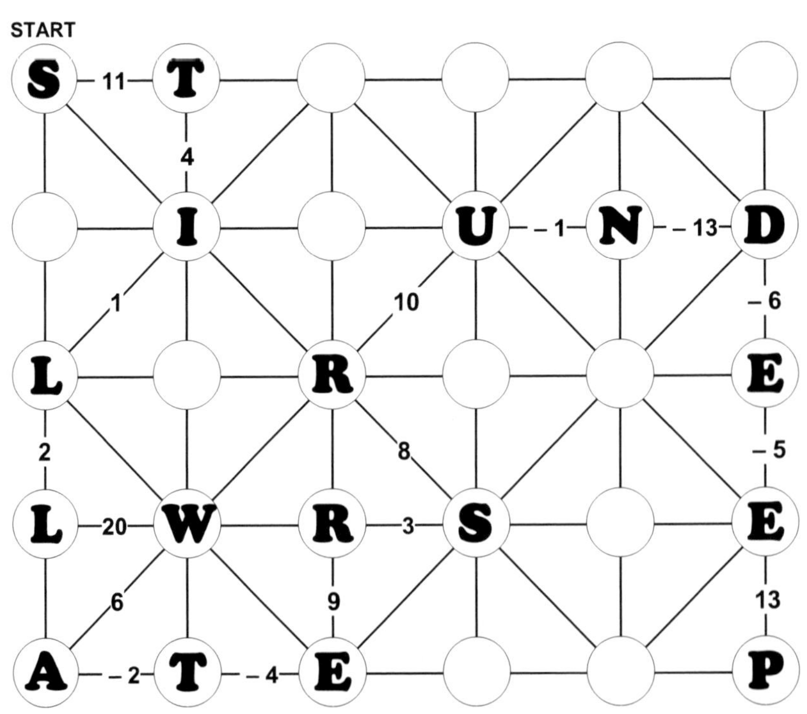


**STILL WATERS RUN DEEP**

Terme und Gleichungen von Anfang an - Bestell-Nr. 12 008
KOHL VERLAG

# Wir bringen auf den Hauptnenner

Etwas kritisch wird es bei Gleichungen mit Brüchen:

$$\frac{4x-2}{3} + \frac{3x+5}{4} = \frac{9x+10}{5}$$

Damit die lästigen Nenner 3, 4 und 5 entfallen, suchst du dir eine Zahl, in der alle Nenner als Teiler enthalten sind, den Hauptnenner. Hier ist es die Zahl 60.

$$\frac{4x-2}{3} + \frac{3x+5}{4} = \frac{9x+10}{5} \qquad | \cdot 60$$

$$\frac{\overset{20}{\cancel{60}} \cdot (4x-2)}{\underset{1}{\cancel{3}}} + \frac{\overset{15}{\cancel{60}} \cdot (3x+5)}{\underset{1}{\cancel{4}}} = \frac{\overset{12}{\cancel{60}} \cdot (9x+10)}{\underset{1}{\cancel{5}}} \qquad | \text{ kürzen}$$

$$20 \cdot (4x-2) + 15 \cdot (3x+5) = 12 \cdot (9x+10)$$

$$80x - 40 + 45x + 75 = 108x + 120$$

$$17x = 85$$

$$x = 5$$

$$L = \{ 5 \}$$

Versuche einmal die folgende Aufgabe zu lösen, indem du mit dem Hauptnenner 12 multiplizierst: $\frac{3x+7}{2} + \frac{4x-1}{3} = \frac{9x+15}{4}$

Terme und Gleichungen von Anfang an - Bestell-Nr. 12 008
KOHL VERLAG

---

Versuche einmal die folgende Aufgabe zu lösen, indem du mit dem Hauptnenner 12 multiplizierst:

$$\frac{3x+7}{2} + \frac{4x-1}{3} = \frac{9x+15}{4} \qquad | \cdot 12$$

$$\frac{\overset{6}{\cancel{12}} \cdot (3x+7)}{\underset{1}{\cancel{2}}} + \frac{\overset{4}{\cancel{12}} \cdot (4x-1)}{\underset{1}{\cancel{3}}} = \frac{\overset{3}{\cancel{12}} \cdot (9x+15)}{\underset{1}{\cancel{4}}} \qquad | \text{ kürzen}$$

$$6 \cdot (3x+7) + 4 \cdot (4x-1) = 3 \cdot (9x+15) \qquad | \text{ Klammern auflösen}$$

$$18x + 42 + 16x - 4 = 27x + 45 \qquad | \text{ zusammenfassen}$$

$$34x + 38 = 27x + 45 \qquad | -38$$

$$34x = 27x + 7 \qquad | -27x$$

$$7x = 7 \qquad | : 7$$

$$x = 1$$

$$L = \{ 1 \}$$

Terme und Gleichungen von Anfang an - Bestell-Nr. 12 008
KOHL VERLAG

# Wir lösen Gleichungen mit Brüchen

Löse die Bruchgleichungen, indem du sie mit dem Hauptnenner multiplizierst.

a) $\frac{4x}{5} + \frac{7x}{10} = 15$

b) $\frac{3x}{4} - \frac{5x}{12} = 8$

c) $\frac{2x}{3} + \frac{7x}{15} = 34$

d) $\frac{7x}{4} + \frac{5x}{3} = 41$

e) $\frac{x}{5} - \frac{x}{9} = 4$

f) $\frac{x}{5} + \frac{x}{4} = 18$

g) $\frac{5x}{8} - \frac{3x}{5} = \frac{1}{2}$

h) $\frac{6x}{3} - 7 = \frac{2x}{8}$

i) $\frac{8x}{9} - \frac{3x}{4} = \frac{5x}{18} - 5$

j) $\frac{7x}{5} - \frac{3x}{10} = \frac{5x}{4} - 6$

KOHL VERLAG Terme und Gleichungen von Anfang an - Bestell-Nr. 12 008

---

**55**

a) $\frac{4x}{5} + \frac{7x}{10} = 15$ $\quad \frac{\overset{2}{\cancel{10}} \cdot 4x}{\cancel{5}_1} + \frac{\overset{1}{\cancel{10}} \cdot 7x}{\cancel{10}_1} = 10 \cdot 15$ $\quad 15x = 150$ $\quad x = 10$ $\quad L = \{ 10 \}$

b) $\frac{3x}{4} - \frac{5x}{12} = 8$ $\quad \frac{\overset{3}{\cancel{12}} \cdot 3x}{\cancel{4}_1} - \frac{\overset{1}{\cancel{12}} \cdot 5x}{\cancel{12}_1} = 12 \cdot 8$ $\quad 4x = 96$ $\quad x = 24$ $\quad L = \{ 24 \}$

c) $\frac{2x}{3} + \frac{7x}{15} = 34$ $\quad L = \{ 30 \}$

d) $\frac{7x}{4} + \frac{5x}{3} = 41$ $\quad L = \{ 12 \}$

e) $\frac{x}{5} - \frac{x}{9} = 4$ $\quad L = \{ 45 \}$

f) $\frac{x}{5} + \frac{x}{4} = 18$ $\quad L = \{ 40 \}$

g) $\frac{5x}{8} - \frac{3x}{5} = \frac{1}{2}$ $\quad L = \{ 20 \}$

h) $\frac{6x}{3} - 7 = \frac{2x}{8}$ $\quad L = \{ 4 \}$

i) $\frac{8x}{9} - \frac{3x}{4} = \frac{5x}{18} - 5$ $\quad L = \{ 36 \}$

j) $\frac{7x}{5} - \frac{3x}{10} = \frac{5x}{4} - 6$ $\quad L = \{ 40 \}$

KOHL VERLAG Terme und Gleichungen von Anfang an - Bestell-Nr. 12 008

# 56 Achtung, Achtung – Minus in Sicht

Aufpassen musst du vor allem, wenn vor dem Bruchstrich ein Minuszeichen »auftaucht«:

$$\frac{4x+1}{3} - \frac{3x+4}{4} = \frac{2x-4}{3} \qquad | \cdot 12$$

$$\frac{\overset{4}{\cancel{12}} \cdot (4x+1)}{\underset{1}{\cancel{3}}} - \frac{\overset{3}{\cancel{12}} \cdot (3x+4)}{\underset{1}{\cancel{4}}} = \frac{\overset{4}{\cancel{12}} \cdot (2x-4)}{\underset{1}{\cancel{3}}} \qquad | \text{ kürzen}$$

$$\begin{aligned}
4 \cdot (4x+1) - 3 \cdot (3x+4) &= 4 \cdot (2x-4) && | \text{ Klammern auflösen} \\
16x + 4 - 9x - 12 &= 8x - 16 && | \text{ zusammenfassen} \\
7x - 8 &= 8x - 16 && | -7x \\
-8 &= 1x - 16 && | +16 \\
8 &= x \\
L &= \{ 8 \}
\end{aligned}$$

Dann rechne schnell die folgende Aufgabe.
Pass aber bitte mit dem Minuszeichen vor dem Bruchstrich auf.

$$\frac{3x+7}{2} - \frac{4x-1}{3} = \frac{x+11}{4}$$



---

**56**

$$\frac{3x+7}{2} - \frac{4x-1}{3} = \frac{x+11}{4}$$

$$\frac{\overset{6}{\cancel{12}} \cdot (3x+7)}{\underset{1}{\cancel{2}}} - \frac{\overset{4}{\cancel{12}} \cdot (4x-1)}{\underset{1}{\cancel{3}}} = \frac{\overset{3}{\cancel{12}} \cdot (x+11)}{\underset{1}{\cancel{4}}} \qquad | \text{ kürzen}$$

$$\begin{aligned}
6 \cdot (3x+7) - 4 \cdot (4x-1) &= 3 \cdot (x+11) && | \text{ Klammern auflösen} \\
18x + 42 - 16x + 4 &= 3x + 33 && | \text{ zusammenfassen} \\
2x + 46 &= 3x + 33 && | -2x \\
+46 &= 1x + 33 && | -33 \\
13 &= x \\
L &= \{ 13 \}
\end{aligned}$$

KOHL VERLAG Terme und Gleichungen von Anfang an - Bestell-Nr. 12 008

# 57 Ein kleines Ausmalrätsel gefällig?

Löse die Bruchgleichungen, indem du sie mit dem Hauptnenner multiplizierst.
Die Lösungen verraten dir, welche Felder in dem Bild zu schwärzen sind.

a) $\frac{x}{2} + \frac{4x}{5} - \frac{5x}{6} - \frac{3x}{10} = 2$

b) $\frac{11x}{12} + \frac{3x}{4} - \frac{5x}{6} - \frac{x}{8} = 4{,}25$

c) $\frac{2x}{3} + \frac{3x}{4} + \frac{3x}{8} = \frac{5x}{12} + 5{,}5$

d) $\frac{3x}{4} + \frac{2x}{9} + \frac{7x}{12} - \frac{5x}{6} = 6{,}5$

e) $\frac{2x+5}{9} - \frac{x}{10} = 3$

f) $\frac{5x}{4} - \frac{9x-8}{7} = 0{,}5$

g) $\frac{x}{3} + \frac{5x-5}{7} = 15$

h) $\frac{3x}{4} + \frac{7x+6}{8} = 4$

i) $\frac{x}{3} - \frac{7x-44}{15} = 0$

j) $\frac{2x+3}{7} - \frac{2x}{15} = 5$

k) $\frac{12x-1}{5} - \frac{13x-4}{7} = 2$

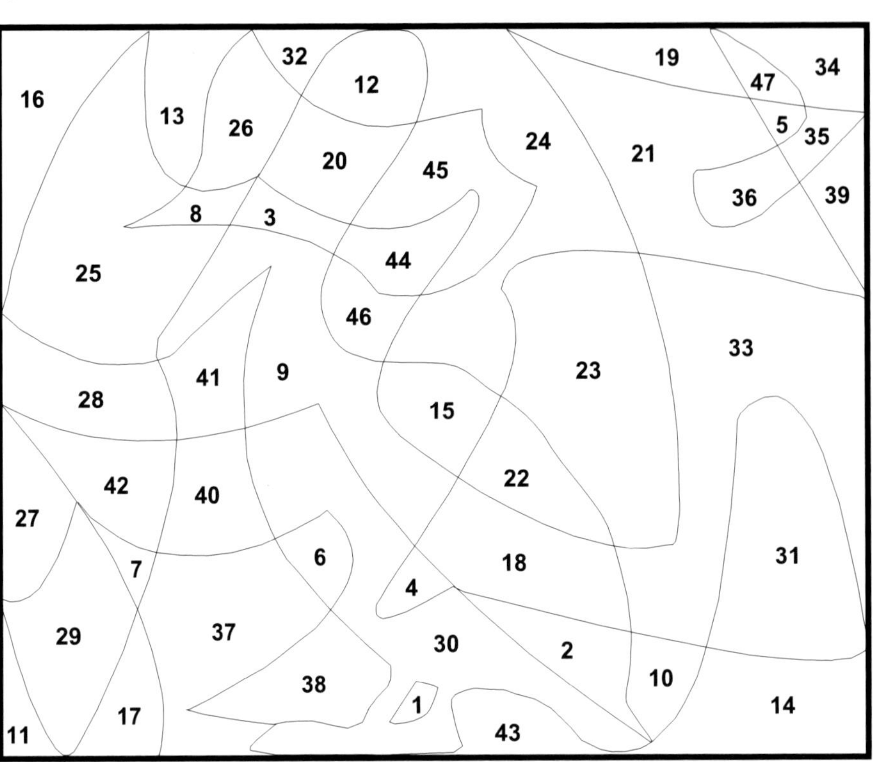

57

a) $L = \{ 12 \}$

b) $L = \{ 6 \}$

c) $L = \{ 4 \}$

d) $L = \{ 9 \}$

e) $L = \{ 20 \}$

f) $L = \{ 18 \}$

g) $L = \{ 15 \}$

h) $L = \{ 2 \}$

i) $L = \{ 22 \}$

j) $L = \{ 30 \}$

k) $L = \{ 3 \}$

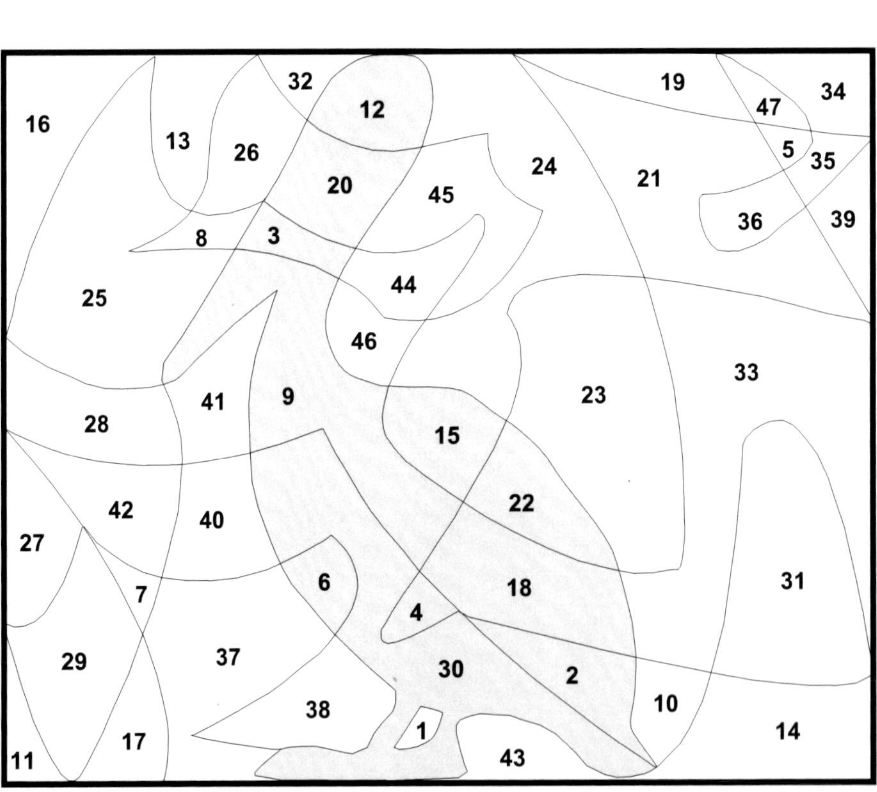

# 58 Auch mit Ungleichungen kommen wir klar

Setzt man in einer Gleichung statt des Gleichheitszeichens ein Größer- oder Kleinerzeichen, so erhält man eine **Ungleichung**.

$x + 7 > 3$, $2x - 2{,}6 < -5$ und $4 - 3x > 6$ sind also Ungleichungen.

Du brauchst aber keine Bange zu haben, denn Ungleichungen löst du genauso wie Gleichungen.
Man darf beim Lösen von Ungleichungen auf beiden Seiten dieselbe Zahl addieren und subtrahieren und auf beiden Seiten mit derselben **positiven Zahl** multiplizieren oder durch dieselbe **positive Zahl** dividieren.
Nur eine Sache musst du unbedingt beachten. Sobald man eine Ungleichung mit einer **negativen Zahl** multipliziert oder durch eine **negative Zahl** dividiert, kehrt sich das Ungleichheitszeichen um, aus > wird <, aus < wird >.
Mache dir das bitte an einem Zahlenbeispiel klar: $4 < 8$, aber $-4 > -8$.

$$
\begin{aligned}
-2x + 5 &> 12 \quad &| -5 \\
-2x &> 7 \quad &| : (-2) \\
x &< -3{,}5 \\
L &= \{x \in \mathbb{Q} \mid x < 3{,}5\}
\end{aligned}
\qquad\qquad
\begin{aligned}
0{,}2x - 8 &< -5 \quad &| +8 \\
0{,}2x &< 3 \quad &| : 0{,}2 \\
x &< 15 \\
L &= \{x \in \mathbb{Q} \mid x < 15\}
\end{aligned}
$$

So schwer ist das nicht. Damit du dich wieder an das > und < gewöhnst, eine ganz einfache Aufgabe für dich. Setze das richtige Zeichen ein:

| | | | | | | | | | |
|---|---|---|---|---|---|---|---|---|---|
| **– 2** | **– 4** | **3,5** | **7,1** | **– 1** | **– 5** | **– 8,6** | **– 5,2** | **0** | **– 3,1** |
| **0** | **– 0,3** | **– 1** | **– 2** | **2,7** | **3,5** | **1,3** | **0** | **1,03** | **1,3** |

58

| | | | | | | | | | | | | | |
|---|---|---|---|---|---|---|---|---|---|---|---|---|---|
| **– 2** | **>** | **– 4** | **3,5** | **<** | **7,1** | **– 1** | **>** | **– 5** | **– 8,6** | **<** | **– 5,2** | **0** | **>** | **– 3,1** |
| **0** | **>** | **– 0,3** | **– 1** | **>** | **– 2** | **2,7** | **<** | **3,5** | **1,3** | **>** | **0** | **1,03** | **<** | **1,3** |


KOHL VERLAG Terme und Gleichungen von Anfang an - Bestell-Nr. 12 008

# Mit Ungleichungen umgehen

Die folgenden Ungleichungen stellen dich wirklich vor kein Problem, wenn du nur daran denkst, dass bei der Multiplikation mit einer negativen Zahl bzw. Division durch eine negative Zahl das Ungleichheitszeichen umgekehrt wird.

**a)** $5x - 2 < 3x + 4$

**b)** $3 \cdot (2x + 4) > 2 \cdot (4x - 5)$

**c)** $3 \cdot (2x + 7) < 8x + 20$

**d)** $-2x + 11 > 5$

**e)** $1 - 0{,}3x > -2$

**f)** $38x + 31 > 25 + 36x$

**g)** $7 - \frac{x}{5} > 4$

**h)** $\frac{x}{5} > 20$

**i)** $\frac{x}{4} + 12 < 19$

**j)** $\frac{x}{3} + 2\frac{1}{3} > 14\frac{1}{9}$

**k)** $\frac{11x}{18} - 55 > 0$

**l)** $\frac{4x}{5} - 13 > \frac{x}{3} + 1$

**m)** $\frac{x}{12} - 3 + \frac{x}{3} - \frac{x}{8} < \frac{x}{2} - 13$

**a)** $5x - 2 < 3x + 4$ $\quad 2x - 2 < 4 \quad 2x < 6 \quad x < 3 \quad L = \{x \in \mathbb{Q} \mid x < 3\}$

**b)** $3 \cdot (2x + 4) > 2 \cdot (4x - 5) \quad -2x > -22 \quad x < 11 \quad L = \{x \in \mathbb{Q} \mid x < 11\}$

**c)** $3 \cdot (2x + 7) < 8x + 20 \quad L = \{x \in \mathbb{Q} \mid x > 0{,}5\}$

**d)** $-2x + 11 > 5 \quad L = \{x \in \mathbb{Q} \mid x < 3\}$

**e)** $1 - 0{,}3x > -2 \quad L = \{x \in \mathbb{Q} \mid x < 10\}$

**f)** $38x + 31 > 25 + 36x \quad L = \{x \in \mathbb{Q} \mid x > -3\}$

**g)** $7 - \frac{x}{5} > 4 \quad L = \{x \in \mathbb{Q} \mid x < 15\}$

**h)** $\frac{x}{5} > 20 \quad L = \{x \in \mathbb{Q} \mid x > 100\}$

**i)** $\frac{x}{4} + 12 < 19 \quad L = \{x \in \mathbb{Q} \mid x < 28\}$

**j)** $\frac{x}{3} + 2\frac{1}{3} > 14\frac{1}{9} \quad L = \{x \in \mathbb{Q} \mid x > 35\frac{1}{3}\}$

**k)** $\frac{11x}{18} - 55 > 0 \quad L = \{x \in \mathbb{Q} \mid x > 90\}$

**l)** $\frac{4x}{5} - 13 > \frac{x}{3} + 1 \quad L = \{x \in \mathbb{Q} \mid x > 30\}$

**m)** $\frac{x}{12} - 3 + \frac{x}{3} - \frac{x}{8} < \frac{x}{2} - 13 \quad L = \{x \in \mathbb{Q} \mid x > 48\}$

# 60 Ein kleines Puzzle gefällig?

Löse einmal die folgenden Ungleichungen unter den 16 Puzzleteilen. Die Lösung zeigt dir, wohin du das jeweilige Teil zu übertragen hast. Wenn du als Lösung $L = \{x \in \mathbb{Q} \mid x > 43\}$ erhältst, musst du die Figur in die Spalte 4/Zeile 3 übertragen. Alles klar?

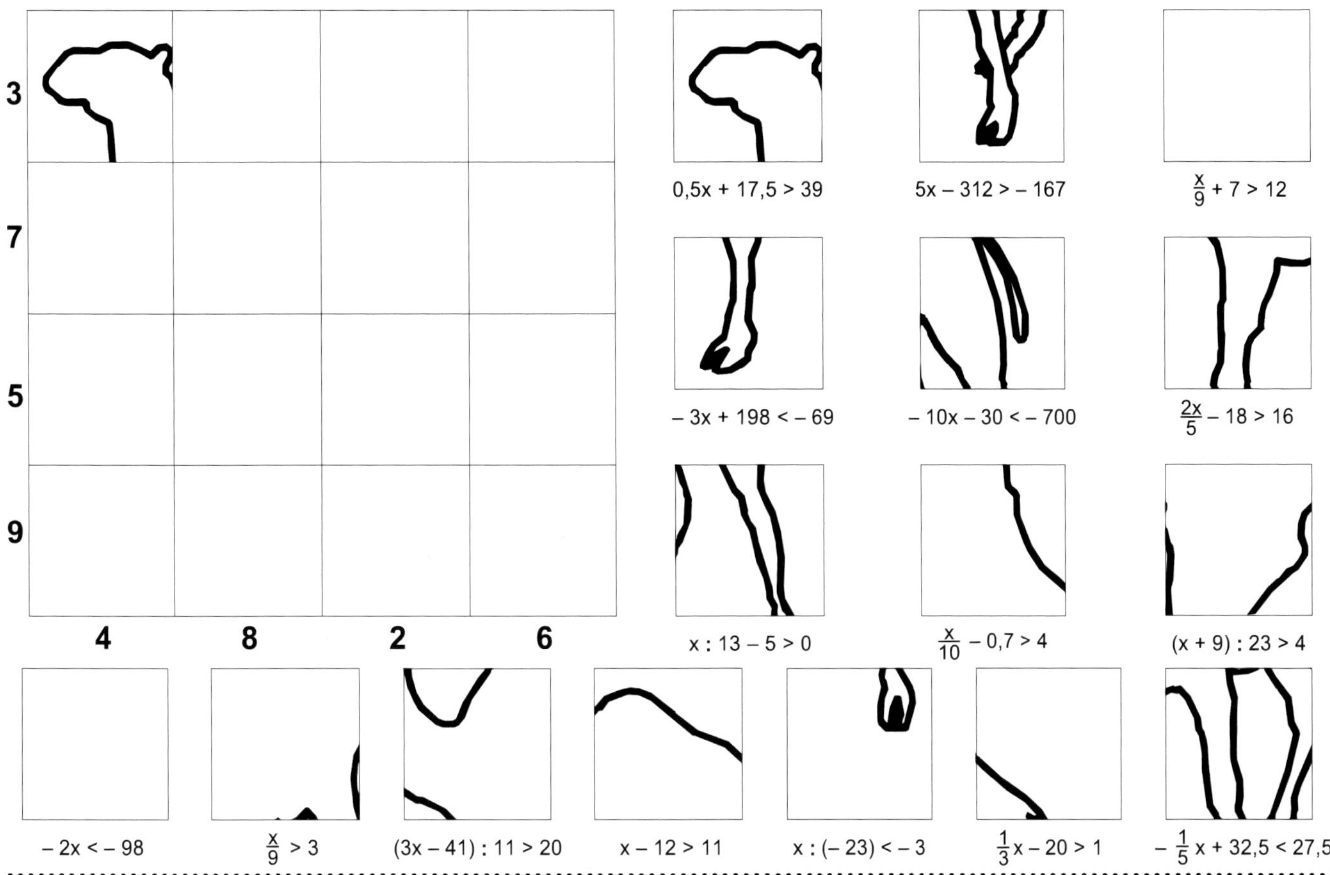

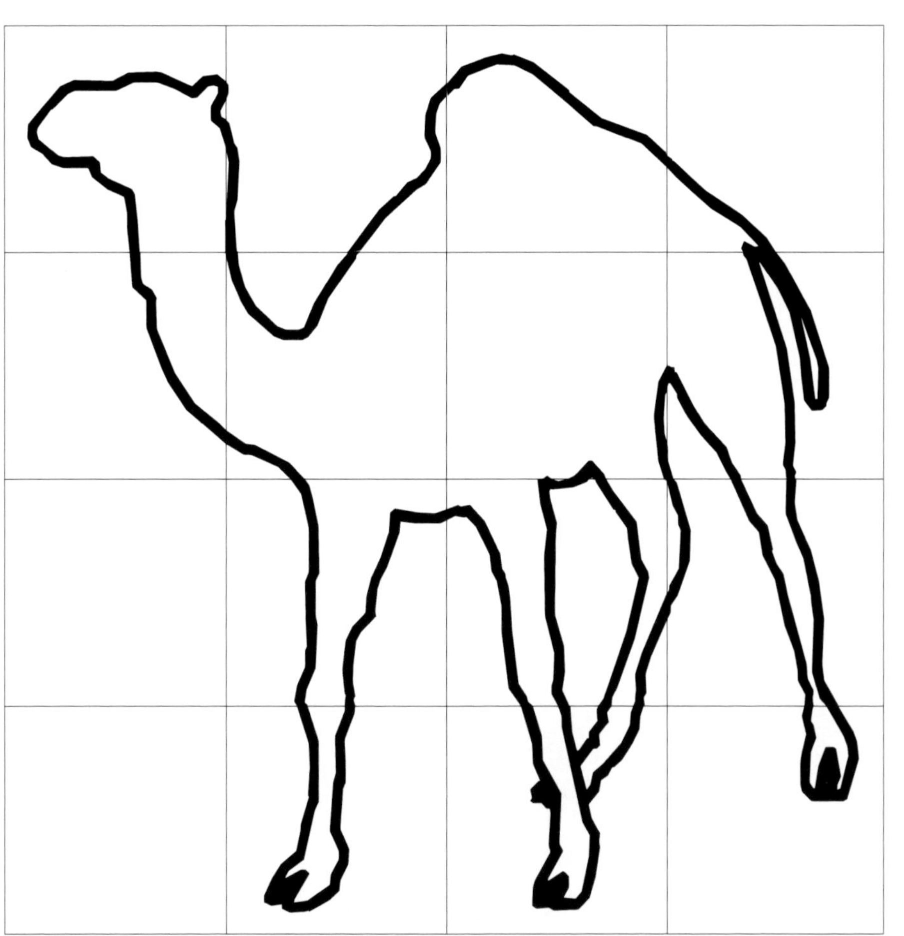

## 61 Mit Formvariablen in Form kommen

Viele Gleichungen haben dieselbe Form, sie unterscheiden sich nur durch unterschiedliche Zahlen. Nimm z. B.

$$3x + 6 = 21$$
$$0{,}4x + 3 = 4{,}6$$
$$20x + 11 = 21$$
$$2x - 5 = 7$$
$$0{,}3x - 6 = -4{,}5$$

Diese Gleichungen haben alle die Form **$ax + b = c$**

a ist dann 3 bzw. 0,4; 20; 2; 0,3
b ist 6 bzw. 3; 11; – 5; – 6
c ist 21 bzw. 4,6; 21; 7; – 4,5 für die oben angegebenen Gleichungen.

Du kannst also die Zahlen in Gleichungen durch Variable ersetzen. Diese Variablen heißen dann **Formvariablen**. Die Variable x nennt man **Lösungsvariable**.

Du kannst mit diesen Gleichungen, in denen keine Zahlen vorkommen, genauso rechnen wie mit den anderen Gleichungen:

| | | | |
|---|---|---|---|
| $3x + 6 = 21$ | $\mid -6$ | $ax + b = c$ | $\mid -b$ |
| $3x = 15$ | $\mid :3$ | $ax = c - b$ | $\mid :a \quad (a \neq 0)$ |
| $x = 5$ | | $x = \frac{c-b}{a}$ | |
| $L = \{5\}$ | | $L = \{\frac{c-b}{a}\}$ | |

*Weil du nicht durch Null dividieren darfst, musst du festlegen, dass a ungleich Null ist.*

***Aufgabe:***

Setze in die Gleichung $x = \frac{c-b}{a}$ die Zahlen aus den fünf Gleichungen ein.

Du erhältst die Lösungsmenge, ohne dass du jetzt immer jede Gleichung umformen musst.

Ideal für einen Rechenknecht oder einen Computer, der immer nur dasselbe rechnet.

$$x = \frac{c-b}{a}$$

| | | | | |
|---|---|---|---|---|
| $a = 3$ | $a = 0{,}4$ | $a = 20$ | $a = 2$ | $a = 0{,}3$ |
| $b = 6$ | $b = 3$ | $b = 11$ | $b = -5$ | $b = -6$ |
| $c = 21$ | $c = 4{,}6$ | $c = 21$ | $c = 7$ | $c = -4{,}5$ |
| $x = \frac{21-6}{3}$ | $x = \frac{4{,}6-3}{0{,}4}$ | $x = \frac{21-11}{20}$ | $x = \frac{7-(-5)}{2}$ | $x = \frac{-4{,}5-(-6)}{0{,}3}$ |
| $x = 5$ | $x = 4$ | $x = 0{,}5$ | $x = 6$ | $x = 5$ |
| $L = \{5\}$ | $L = \{4\}$ | $L = \{0{,}5\}$ | $L = \{6\}$ | $L = \{5\}$ |


KOHL VERLAG Terme und Gleichungen von Anfang an - Bestell-Nr. 12 008

# 62 Wir schreiben Gleichungen mit Formvariablen

Die drei Gleichungen haben alle dieselbe Form. Schreibe sie einmal mit Formvariablen um.

$3x + 5 = 7$
$x + 3 = 9$
$x + 0{,}5 = 6{,}2$

$2x + 9 = 13$
$4x + 3 = 11$
$7x + 7{,}4 = 9$

$3x - 3 = 8$
$6x - 4 = 4$
$2x - 8 = 15{,}2$

$5x = 35$
$3x = 12$
$2{,}5x = 14$

$4 \cdot (x + 5) = 6$
$2 \cdot (x + 1) = 12$
$3 \cdot (x + 7) = 18$

$2 \cdot (3 - x) = 3$
$4 \cdot (12 - x) = 1$
$7 \cdot (6 - x) = 5$

$5 \cdot (2x - 5) = 17$
$2 \cdot (2x - 4) = 19$
$0{,}5 \cdot (2x - 0{,}5) = 62$

$5 - x = 4$
$2 - x = 2$
$1{,}5 - x = 9$

$5x : 2 = 18$
$2x : 4 = 9$
$7x : 3 = 17$

$3x + 5 = 7$
$x + 3 = 9$
$x + 0{,}5 = 6{,}2$

**x + a = b**
**ax + a = b**

$2x + 9 = 13$
$4x + 3 = 11$
$7x + 7{,}4 = 9$

**ax + b = c**

$3x - 3 = 8$
$6x - 4 = 4$
$2x - 8 = 15{,}2$

**ax – b = c**

$5x = 35$
$3x = 12$
$2{,}5x = 14$

**ax = c**

$4 \cdot (x + 5) = 6$
$2 \cdot (x + 1) = 12$
$3 \cdot (x + 7) = 18$

**a(x + b) = c**

$2 \cdot (3 - x) = 3$
$4 \cdot (12 - x) = 1$
$7 \cdot (6 - x) = 5$

**a(b – x) = c**

$5 \cdot (2x - 5) = 17$
$2 \cdot (2x - 4) = 19$
$0{,}5 \cdot (2x - 0{,}5) = 62$

**a(2x – b) = c**
**a(bx – c) = d**

$5 - x = 4$
$2 - x = 2$
$1{,}5 - x = 9$

**a – x = b**

$5x : 2 = 18$
$2x : 4 = 9$
$7x : 3 = 17$

**ax : b = c**

KOHL VERLAG Terme und Gleichungen von Anfang an - Bestell-Nr. 12 008

# 63 Wir lösen Gleichungen mit Formvariablen

Forme nach der Lösungsvariablen x um . Achte aber bitte darauf, dass immer dann, wenn du durch eine Formvariable dividieren musst, diese ungleich Null sein muss.

**a)** $6a + 3x = 15a$

**b)** $x - a = b$

**c)** $ax + b = 2c + d$

**d)** $ax - b = c$

**e)** $4x + 5b = 18b - x$

**f)** $4x : a = b \quad (a \neq 0)$

**g)** $(x + 2a) : b = c \quad (b \neq 0)$

**h)** $ab + bx = 5$

**i)** $a(bx + c) = d$



---

## 63

**a)**
$$\begin{aligned} 6a + 3x &= 15a \\ 3x &= 9a \\ x &= 3a \end{aligned}$$

**b)**
$$\begin{aligned} x - a &= b \\ x &= b + a \end{aligned}$$

**c)**
$$\begin{aligned} ax + b &= 2c + d \\ ax &= 2c + d - b \\ x &= (2c + d - b) : a \quad (a \neq 0) \end{aligned}$$

**d)**
$$\begin{aligned} ax - b &= c \\ ax &= c + b \\ x &= (c + b) : a \quad (a \neq 0) \end{aligned}$$

**e)**
$$\begin{aligned} 4x + 5b &= 18b - x \\ 5x &= 13b \\ x &= 2{,}6b \end{aligned}$$

**f)**
$$\begin{aligned} 4x : a &= b \quad (a \neq 0) \\ 4x &= ab \\ x &= \frac{ab}{4} \end{aligned}$$

**g)**
$$\begin{aligned} (x + 2a) : b &= c \quad (b \neq 0) \\ x + 2a &= bc \\ x &= bc - 2a \end{aligned}$$

**h)**
$$\begin{aligned} ab + bx &= 5 \\ bx &= 5 - ab \\ x &= \frac{5 - ab}{b} \quad (b \neq 0) \end{aligned}$$

**i)**
$$\begin{aligned} a(bx + c) &= d \\ abx + ac &= d \\ abx &= d - ac \\ x &= \frac{d - ac}{ab} \quad (a \neq 0, b \neq 0) \end{aligned}$$

# 64 Über Klammern und Ausklammern

Wie man Klammern ausmultipliziert, weißt du. Den umgekehrten Vorgang nennt man **Ausklammern**. Beim Ausklammern sucht man einen gemeinsamen Faktor, den man dann »herauszieht«:

$$3x + 6y = 3 \cdot 1x + 3 \cdot 2y = 3 \cdot (x + 2y)$$

Man kann auch mehr als einen Faktor ausklammern:

$$5ab - 15ac = 5a \cdot 1b - 5a \cdot 3c = 5a \cdot (b - 3c)$$

Klammere alle gemeinsamen Faktoren aus:

**a)** $4ax - 8bx$

**b)** $12am - 24an + 48ap$

**c)** $xy + x$ *(Achtung! Falle)*

**d)** $8b - 16$

**e)** $15a - 30b + 60c$

**f)** $abc - abd$

**g)** $9xy + 27y$

**h)** $4ax + 12a - 8ay$

**i)** $5ax - 5a$

**j)** $mn - ms$

**k)** $8xz - 16yz + 8z$

**a)** $4ax - 8bx = 4x \cdot (a - 2b)$

**b)** $12am - 24an + 48ap = 12a \cdot (m - 2n + 4p)$

**c)** $xy + x = x \cdot (y + 1)$ *(Hast du an die 1 gedacht?)*

**d)** $8b - 16 = 8 \cdot (b - 2)$

**e)** $15a - 30b + 60c = 15 \cdot (a - 2b + 4c)$

**f)** $abc - abd = ab \cdot (c - d)$

**g)** $9xy + 27y = 9y \cdot (x + 3)$

**h)** $4ax + 12a - 8ay = 4a \cdot (x + 3 - 2y)$

**i)** $5ax - 5a = 5a \cdot (x - 1)$ *(Hast du an die 1 gedacht?)*

**j)** $mn - ms = m \cdot (n - s)$

**k)** $8xz - 16yz + 8z = 8z \cdot (x - 2y + 1)$

KOHL VERLAG Terme und Gleichungen von Anfang an - Bestell-Nr. 12 008

# 65 Wozu braucht man das Ausklammern?

Den Trick des Ausklammers benötigst du, wenn die Lösungsvariable x mehrfach mit unterschiedlichen Formvariablen vorkommt.
Nimm z. B. $ax + bx = 5g - 7$.
Wie schafft man es, die Gleichung nach x aufzulösen? Auf beiden Seiten ax oder bx subtrahieren? Bringt ja nichts.
Es hilft wirklich nur Ausklammern:

$$\begin{aligned} ax + bx &= 5g - 7 \\ x(a + b) &= 5g - 7 \quad | : (a + b) \\ x &= \frac{5g - 7}{a + b} \end{aligned}$$

*Weil du nicht durch Null dividieren darfst, muss gelten: $a + b \neq 0$ oder $a \neq -b$*

Bei den folgenden Aufgaben kann es schon mal vorkommen, dass du ausklammern musst. Aber das schaffst du schon. Lösungsvariable ist jeweils x.

**a)** $6ax - b = 2ax \quad (a \neq 0)$

**b)** $ax = 7 - bx \quad (a \neq -b)$

**c)** $8x + 3a = x - a + 9$

**d)** $a(2x + 4b) + ab = c \quad (a \neq 0)$

**e)** $ax - bx = a - b \quad (a \neq b)$

**f)** $3ax - bx = 2ax + 4 \quad (a \neq b)$

**g)** $ax + b = c \quad (a \neq 0)$

**h)** $4a + a(8 - x) = bx \quad (a \neq -b)$

**65**

**a)** $6ax - b = 2ax \quad (a \neq 0)$

$$\begin{aligned} 6ax &= 2ax + b \\ 6ax - 2ax &= b \\ 4ax &= b \\ x &= \frac{b}{4a} \end{aligned}$$

**b)** $ax = 7 - bx \quad (a \neq -b)$

$$\begin{aligned} ax + bx &= 7 \\ x(a + b) &= 7 \\ x &= \frac{7}{a + b} \end{aligned}$$

**c)** $8x + 3a = x - a + 9$

$$x = \frac{-4a + 9}{7}$$

**d)** $a(2x + 4b) + ab = c \quad (a \neq 0)$

$$\begin{aligned} 2ax + 4ab + ab &= c \\ 2ax &= c - 5ab \\ x &= \frac{c - 5ab}{2a} \end{aligned}$$

**e)** $ax - bx = a - b \quad (a \neq b)$

$$\begin{aligned} x(a - b) &= a - b \\ x &= 1 \end{aligned}$$

**f)** $3ax - bx = 2ax + 4 \quad (a \neq b)$

$$\begin{aligned} ax - bx &= 4 \\ x(a - b) &= 4 \\ x &= \frac{4}{a - b} \end{aligned}$$

**g)** $ax + b = c \quad (a \neq 0)$

$$x = \frac{c - b}{a}$$

**h)** $4a + a(8 - x) = bx \quad (a \neq -b)$

$$\begin{aligned} 4a + 8a - ax &= bx \\ 12a - ax &= bx \\ 12a &= ax + bx \\ 12a &= x(a + b) \\ x &= \frac{12a}{a + b} \end{aligned}$$

KOHL VERLAG Terme und Gleichungen von Anfang an - Bestell-Nr. 12 008

# 66 Auch in der Geometrie braucht man Gleichungen

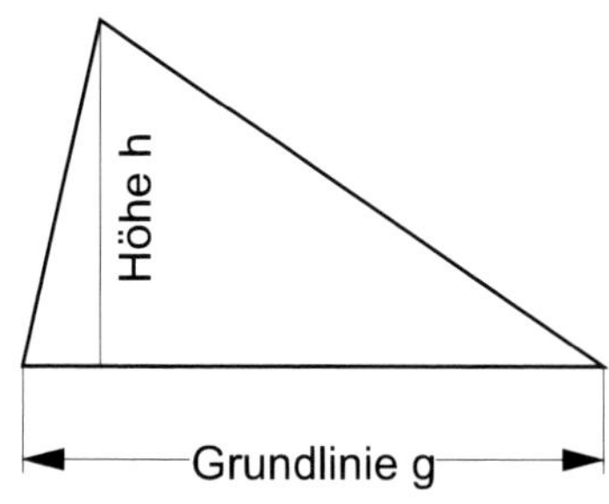


Wie du den Flächeninhalt eines Dreiecks berechnen kannst, hast du vor langer, langer Zeit gelernt.
Also, du multiplizierst die Länge der Grundseite g mit der Höhe h und halbierst das Ergebnis.

Die Formel dafür lautet: $\mathbf{A = \frac{g \cdot h}{2}}$

So eine Formel ist nichts anderes als eine Gleichung.
Du darfst also auf beiden Seiten dasselbe durchführen.

Stell dir bitte einmal vor, der Flächeninhalt des Dreiecks und die Höhe sind bekannt und du sollst die Länge der Grundseite bestimmen.

A = 45 cm² und h = 6 cm. Wie lang ist die Grundseite g?

Setze die Werte in die Formel ein: $45 = \frac{g \cdot 6}{2}$ | Multipliziere mit 2

$2 \cdot 45 = g \cdot 6$ | Dividiere durch 6

$\frac{2 \cdot 45}{6} = g$

Wenn du jetzt 150 solcher Aufgaben rechnen müsstest, würdest du dir schnell überlegen, dass diese dauernde Umformerei langweilig ist. Du stellst deshalb eine neue Formel auf,

die dir sofort das Ergebnis liefert: $\mathbf{g = \frac{2 \cdot A}{h}}$ Prüfe nach.

Wie heißt die Formel, die dir die Länge der Höhe h berechnet, wenn der Flächeninhalt und die Grundseite bekannt sind?



66

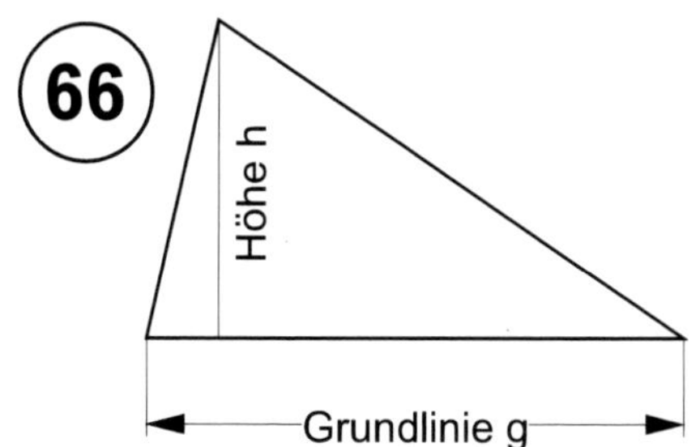


Wie du den Flächeninhalt eines Dreiecks berechnen kannst, hast du vor langer, langer Zeit gelernt.
Also, du multiplizierst die Länge der Grundseite g mit der Höhe h und halbierst das Ergebnis.

Die Formel dafür lautet: $\mathbf{A = \frac{g \cdot h}{2}}$

So eine Formel ist nichts anderes als eine Gleichung.
Du darfst also auf beiden Seiten dasselbe durchführen.

Stell dir bitte einmal vor, der Flächeninhalt des Dreiecks und die Höhe sind bekannt und du sollst die Länge der Grundseite bestimmen.

A = 45 cm² und h = 6 cm. Wie lang ist die Grundseite g?

Setze die Werte in die Formel ein: $45 = \frac{g \cdot 6}{2}$ | Multipliziere mit 2

$2 \cdot 45 = g \cdot 6$ | Dividiere durch 6

$\frac{2 \cdot 45}{6} = g$

Wenn du jetzt 150 solcher Aufgaben rechnen müsstest, würdest du dir schnell überlegen, dass diese dauernde Umformerei langweilig ist. Du stellst deshalb eine neue Formel auf,

die dir sofort das Ergebnis liefert: $\mathbf{g = \frac{2 \cdot A}{h}}$ Prüfe nach.

Wie heißt die Formel, die dir die Länge der Höhe h berechnet, wenn der Flächeninhalt und die Grundseite bekannt sind?

$\mathbf{h = \frac{2 \cdot A}{g}}$

# 67 Weitere Formeln zur Geometrie

| Rechteck | Raute | Trapez |
|---|---|---|
|   | 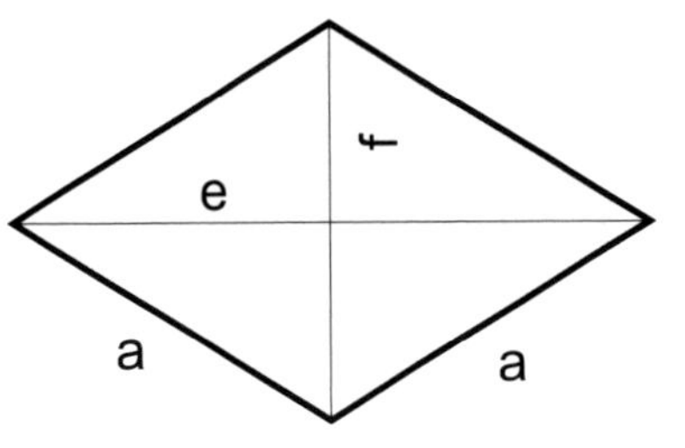  | 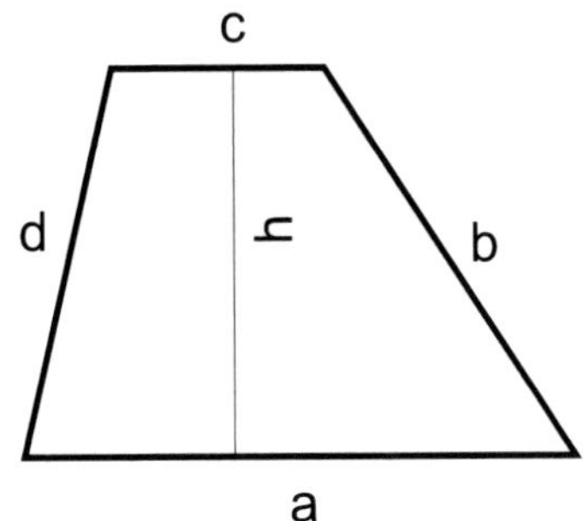  |
| $u = 2a + 2b$ | $u = 4 \cdot a$ | $u = a + b + c + d$ |
| $A = a \cdot b$ | $A = \frac{e \cdot f}{2}$ | $A = \frac{(a + c) \cdot h}{2}$ |

Löse alle Formeln nach allen vorkommenden Variablen auf.

KOHL VERLAG Terme und Gleichungen von Anfang an - Bestell-Nr. 12 008

67



| Rechteck | Raute | Trapez |
|---|---|---|
| 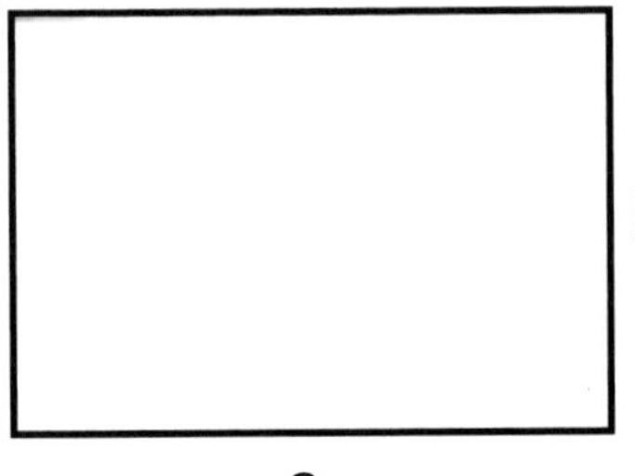  | 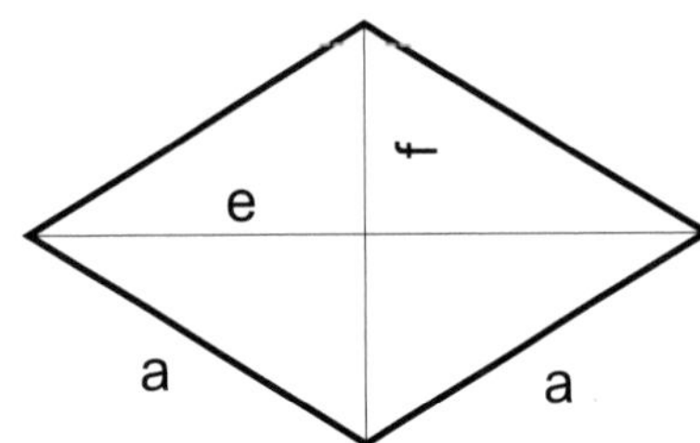  | 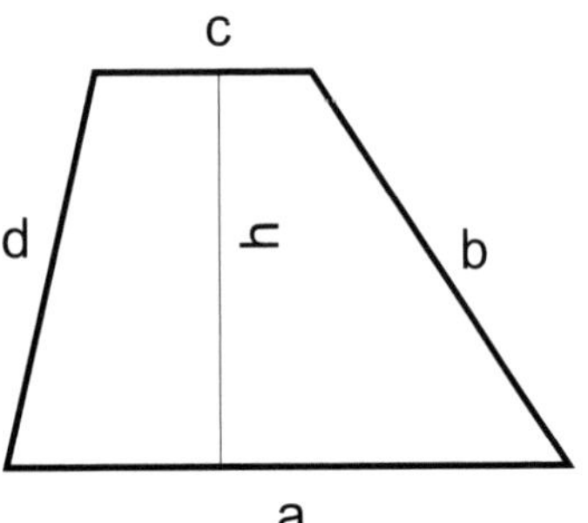  |
| $u = 2a + 2b$ | $u = 4 \cdot a$ | $u = a + b + c + d$ |
| $A = a \cdot b$ | $A = \frac{e \cdot f}{2}$ | $A = \frac{(a + c) \cdot h}{2}$ |

Löse alle Formeln nach allen vorkommenden Variablen auf.


$a = \frac{u - 2b}{2}$

$b = \frac{u - 2a}{2}$

$a = \frac{A}{b}$

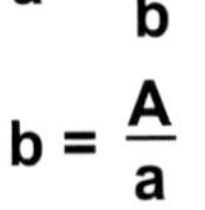

$b = \frac{A}{a}$

$a = \frac{u}{4}$

$e = \frac{2 \cdot A}{f}$

$f = \frac{2 \cdot A}{e}$

$a = u - b - c - d$

$b = u - a - c - d$

$c = u - a - b - d$

$d = u - a - b - c$

$a = \frac{2 \cdot A}{h} - c$

$c = \frac{2 \cdot A}{h} - a$

$h = \frac{2 \cdot A}{a + c}$

KOHL VERLAG Terme und Gleichungen von Anfang an - Bestell-Nr. 12 008

# 68 Auch Körper brauchen Formeln

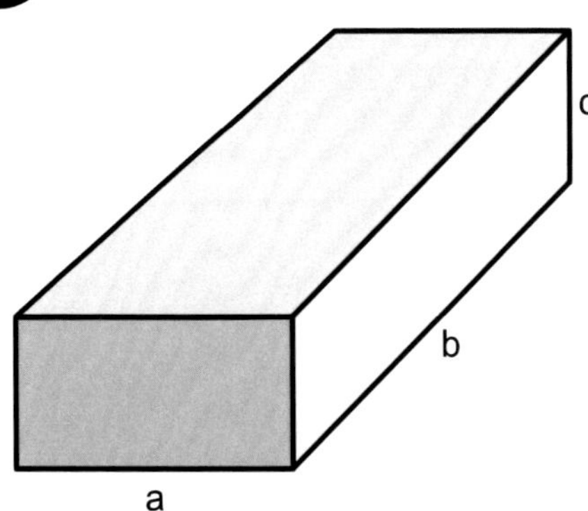


Stelle dir vor, du müsstest diesen Quader aus Karton basteln. Du erstellst dir zunächst einmal das **Netz** dieses Quaders.
Das sieht ungefähr so aus:

|  |  | $a \cdot c$ |  |
|---|---|---|---|
| $a \cdot b$ | $b \cdot c$ | $a \cdot b$ | $b \cdot c$ |
|  |  | $a \cdot c$ |  |

Wie groß ist der Flächeninhalt dieses Netzes? Dazu berechnest du den Flächeninhalt der sechs einzelnen Rechtecke und addierst diese Flächen.
Du erhältst damit die
**Oberfläche des Quaders: $O = 2ab + 2ac + 2bc$**

Stelle dir bitte weiterhin vor, dass du weißt, wie groß diese Oberfläche ist und wie lang die Seiten b und c sind. Du willst rechnerisch ermitteln, wie lang die Seite a werden muss.
Du stellst also die Formel nach a um:

$$O = 2ab + 2ac + 2bc \quad | -2bc$$
$$O - 2bc = 2ab + 2ac \quad | \text{ Klammere a aus}$$
$$O - 2bc = a \cdot (2b + 2c) \quad | :(2b + 2c)$$
$$a = \frac{O - 2bc}{2b + 2c}$$

Stelle die Formel $O = 2ab + 2ac + 2bc$ nach b und c um.
Rechne einmal mit a = 5 cm, b = 7 cm, c = 3 cm, O = 142 cm².

**68**

$$O = 2ab + 2ac + 2bc \quad | -2bc$$
$$O - 2bc = 2ab + 2ac \quad | \text{ Klammere a aus}$$
$$O - 2bc = a \cdot (2b + 2c) \quad | :(2b + 2c)$$
$$a = \frac{O - 2bc}{2b + 2c}$$

$$a = \frac{O - 2bc}{2b + 2c}$$
$$a = \frac{142 - 2 \cdot 7 \cdot 3}{2 \cdot 7 + 2 \cdot 3}$$
$$a = 5 \text{ (cm)}$$

Stelle die Formel $O = 2ab + 2ac + 2bc$ nach b und c um.
Rechne einmal mit a = 5 cm, b = 7 cm, c = 3 cm, O = 142 cm².

$$O = 2ab + 2ac + 2bc \quad | -2ac$$
$$O - 2ac = 2ab + 2bc \quad | \text{ Klammere b aus}$$
$$O - 2ac = b \cdot (2a + 2c) \quad | :(2a + 2c)$$
$$b = \frac{O - 2ac}{2a + 2c}$$

$$b = \frac{O - 2ac}{2a + 2c}$$
$$b = \frac{142 - 2 \cdot 5 \cdot 3}{2 \cdot 5 + 2 \cdot 3}$$
$$b = 7 \text{ (cm)}$$

$$O = 2ab + 2ac + 2bc \quad | -2ab$$
$$O - 2ab = 2ac + 2bc \quad | \text{ Klammere c aus}$$
$$O - 2ab = c \cdot (2a + 2b) \quad | :(2a + 2b)$$
$$c = \frac{O - 2ab}{2a + 2b}$$

$$c = \frac{O - 2ab}{2a + 2b}$$
$$c = \frac{142 - 2 \cdot 5 \cdot 7}{2 \cdot 5 + 2 \cdot 7}$$
$$c = 3 \text{ (cm)}$$


KOHL VERLAG Terme und Gleichungen von Anfang an - Bestell-Nr. 12 008

# Auch Temperaturen brauchen Gleichungen

Temperaturen misst man meist in °C (Grad Celsius). In Amerika dagegen wird die Einheit °F (Grad Fahrenheit) benutzt. Daniel Gabriel Fahrenheit (1686 - 1736) war ein deutscher Physiker, der das Quecksilberthermometer einführte und eine nach ihm benannte, in England und Amerika gebräuchliche Temperaturskala einführte.
Was macht man, wenn man Temperaturangaben umwandeln möchte?
Was sich ein Amerikaner überlegt, wenn er die Temperatur in Grad Celsius angegeben bekommt und wissen möchte, wie viel Grad Fahrenheit das sind, zeigt dir Ozzy Ozbär:

$$F = \frac{9}{5} \cdot C + 32$$

**a)** Rechne 50° C, 100° C, 20° C, 10° C, 0° C, – 20° C um in °F.

Wie wandelt man aber Temperaturangaben von Fahrenheit in Celsius um?
Stelle die Formel um nach C.

**b)** Wandle 77° F, 122° F, 32° F, 50° F, 14° F, – 4° F um in °C.

**a)** Rechne 50° C, 100° C, 20° C, 10° C, 0° C, – 20° C um in °F.

122° F, 212° F, 68° F, 50° F, 32° F, – 4° F

Wie wandelt man aber Temperaturangaben von Fahrenheit in Celsius um?
Stelle die Formel um nach C.

$$F = \frac{9}{5} \cdot C + 32 \qquad | - 32$$

$$F - 32 = \frac{9}{5} \cdot C \qquad | \cdot \frac{5}{9}$$

$$\frac{5}{9} \cdot (F - 32) = C$$

$$C = \frac{5}{9} \cdot (F - 32)$$

**b)** Wandle 77° F, 122° F, 32° F, 50° F, 14° F, – 4° F um in °C.

25° C, 50° C, 0° C, 10° C, – 10° C, – 20° C

# 70 Volumen, Flächen, Ecken und Kanten

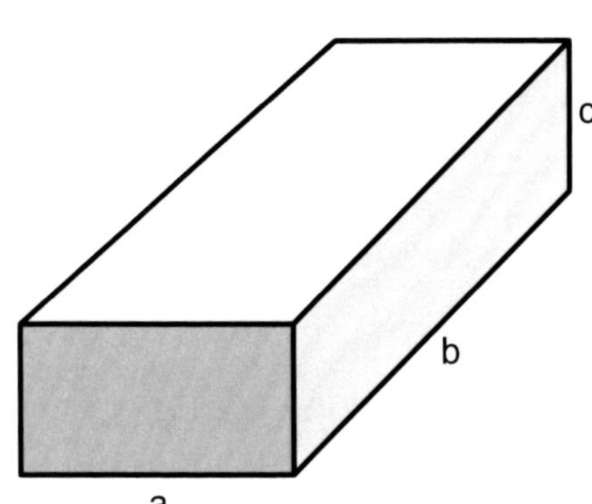


Die Formel für das Volumen eines Quaders lautet:

$$V = a \cdot b \cdot c$$

Stelle die Formel um nach a, b und c.

Prüfe mit
a = 4 cm, b = 6 cm, c = 12 cm, V = 288 $cm^2$.

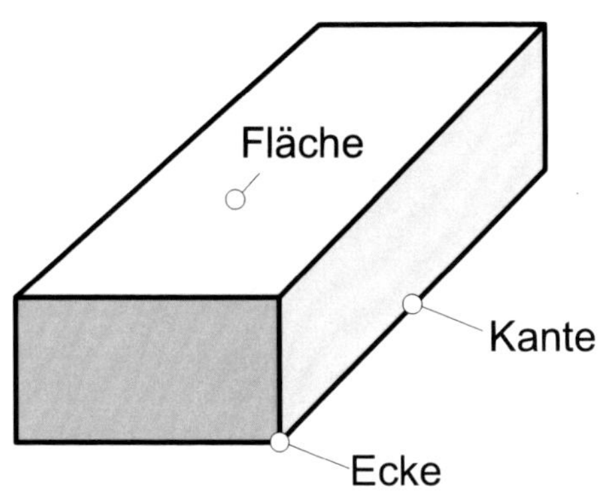


Der berühmte Mathematiker Euler hat einmal bewiesen, dass für einen Körper, der von ebenen Flächen begrenzt wird, immer gilt:

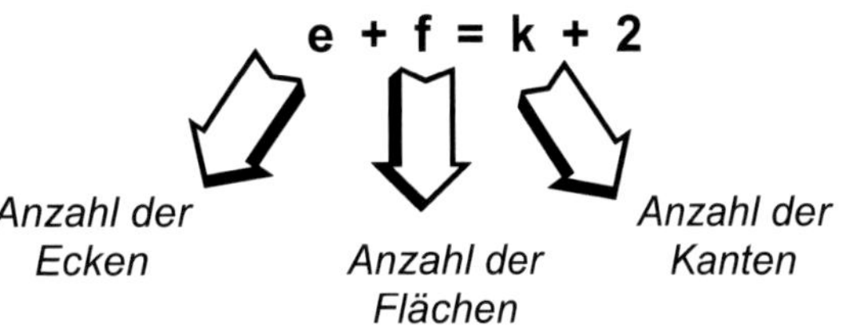


Stelle die Formel um nach e, f und k.

---

## 70

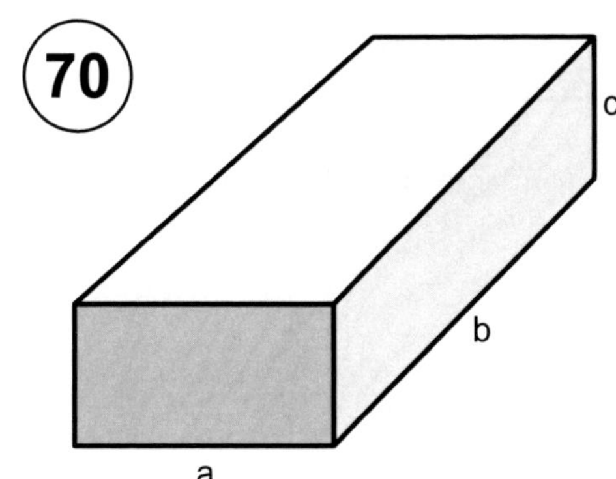


Die Formel für das Volumen eines Quaders lautet:

$$V = a \cdot b \cdot c$$

Stelle die Formel um nach a, b und c.

Prüfe mit
a = 4 cm, b = 6 cm, c = 12 cm, V = 288 $cm^2$.

$a = \frac{V}{b \cdot c}$ $\quad$ $b = \frac{V}{a \cdot c}$ $\quad$ $c = \frac{V}{a \cdot b}$

$a = \frac{288}{6 \cdot 12}$ $\quad$ $b = \frac{288}{4 \cdot 12}$ $\quad$ $c = \frac{288}{4 \cdot 6}$

a = 4 (cm) $\quad$ b = 6 (cm) $\quad$ c = 12 (cm)

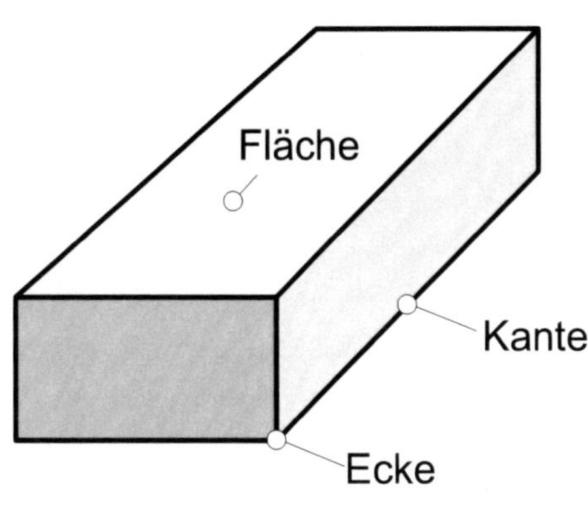


Der berühmte Mathematiker Euler hat einmal bewiesen, dass für einen Körper, der von ebenen Flächen begrenzt wird, immer gilt:

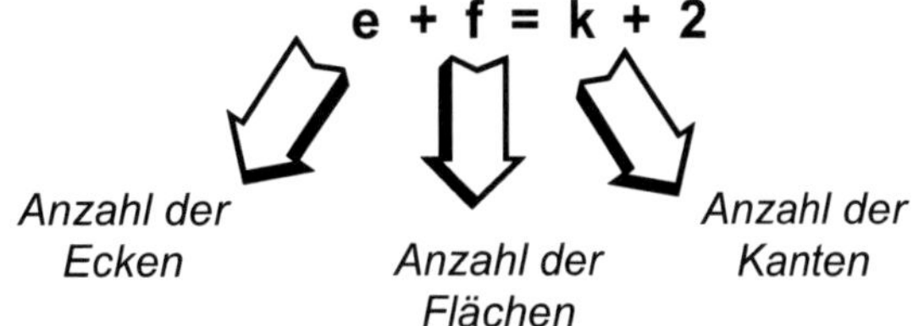


Stelle die Formel um nach e, f und k.

$e = k + 2 - f$

$f = k + 2 - e$

$k = e + f - 2$





KOHL VERLAG Terme und Gleichungen von Anfang an - Bestell-Nr. 12 008

# Bella Italia: Pro cento

Ist dir die Prozentrechnung noch ein Begriff? Pro cento heißt so viel wie »für Hundert«. Bereits im Mittelalter benutzten italienische Kaufleute diesen Begriff und kürzten ihn durch % (*sprich Prozent*) ab.

Wenn du einmal in eine Tageszeitung schaust, findest du haufenweise Prozentangaben. 1. »Die Lebensmittelpreise stiegen um 4,5 %«, 2. »Alle Waren 30 % billiger« oder 3. »Die Arbeitslosigkeit beträgt 9 Prozent«.

Was bedeuten diese Angaben?

Sie sagen aus, dass 1. Lebensmittel, die vorher für 100 € gekauft werden konnten, jetzt 4,50 € mehr kosten, 2. Waren, die vorher 100 € kosteten, jetzt 30 € billiger sind und 3. prozentual gesehen von 100 arbeitsfähigen Menschen 9 arbeitslos sind.

Was macht man aber, wenn man wissen will, um wie viel € sich Lebensmittel für 76,00 € verteuern?

Klar, man vergleicht $\frac{4{,}5}{100} = \frac{x}{76{,}00}$

Also, wenn Waren für 100 € um 4,50 € teurer werden, werden 76,00 € um x € teurer.

Stelle nach x um: $x = \frac{76{,}00 \cdot 4{,}5}{100}$ $x = 3{,}42$

Waren, die vorher 76,00 € kosteten, müssen jetzt mit 79,42 € bezahlt werden.

Man nennt die Bezugsgröße (75,80 €) den **Grundwert G** und die Größe, die mit dem Grundwert verglichen wird, **Prozentwert W**. Die **Prozentzahl** (4,5) heißt **p**.

Zwischen p, W und G gilt dann die folgende Beziehung: $\frac{W}{G} = \frac{p}{100}$

Stelle die Formel um nach W, G und p.

Ist dir die Prozentrechnung noch ein Begriff? Pro cento heißt so viel wie »für Hundert«. Bereits im Mittelalter benutzten italienische Kaufleute diesen Begriff und kürzten ihn durch % (*sprich Prozent*) ab.

Wenn du einmal in eine Tageszeitung schaust, findest du haufenweise Prozentangaben. 1. »Die Lebensmittelpreise stiegen um 4,5 %«, 2. »Alle Waren 30 % billiger« oder 3. »Die Arbeitslosigkeit beträgt 9 Prozent«.

Was bedeuten diese Angaben?

Sie sagen aus, dass 1. Lebensmittel, die vorher für 100 € gekauft werden konnten, jetzt 4,50 € mehr kosten, 2. Waren, die vorher 100 € kosteten, jetzt 30 € billiger sind und 3. prozentual gesehen von 100 arbeitsfähigen Menschen 9 arbeitslos sind.

Was macht man aber, wenn man wissen will, um wie viel € sich Lebensmittel für 76,00 € verteuern?

Klar, man vergleicht $\frac{4{,}5}{100} = \frac{x}{76{,}00}$

Also, wenn Waren für 100 € um 4,50 € teurer werden, werden 76,00 € um x € teurer.

Stelle nach x um: $x = \frac{76{,}00 \cdot 4{,}5}{100}$ $x = 3{,}42$

Waren, die vorher 76,00 € kosteten, müssen jetzt mit 79,42 € bezahlt werden.

Man nennt die Bezugsgröße (75,80 €) den **Grundwert G** und die Größe, die mit dem Grundwert verglichen wird, **Prozentwert W**. Die **Prozentzahl** (4,5) heißt **p**.

Zwischen p, W und G gilt dann die folgende Beziehung: $\frac{W}{G} = \frac{p}{100}$

Stelle die Formel um nach W, G und p.

$W = \frac{G \cdot p}{100}$ $G = \frac{100 \cdot W}{p}$ $p = \frac{100 \cdot W}{G}$

KOHL VERLAG Terme und Gleichungen von Anfang an - Bestell-Nr. 12 008

# 72 Wir rechnen mit Prozenten

Hast du die Formelumstellung nach W, G und p geschafft?
Dann können dir die folgenden Aufgaben nicht sonderlich schwer fallen.

$$W = \frac{G \cdot p}{100}$$

$$G = \frac{100 \cdot W}{p}$$

$$p = \frac{100 \cdot W}{G}$$

| **G (€)** | 2400 | 2750 | 812 | | | 175 | 22,50 | |
|---|---|---|---|---|---|---|---|---|
| **p (%)** | 3,5 | 8 | | 11 | $7\frac{3}{4}$ | | | 4,2 |
| **W (€)** | | | 38,57 | 10159,60 | 643,25 | 10,50 | 4,50 | 987,42 |

| **G (€)** | 2400 | 2750 | 812 | 92360 | 8300 | 175 | 22,50 | 23510 |
|---|---|---|---|---|---|---|---|---|
| **p (%)** | 3,5 | 8 | 4,75 | 11 | $7\frac{3}{4}$ | 6 | 20 | 4,2 |
| **W (€)** | 84 | 220 | 38,57 | 10159,60 | 643,25 | 10,50 | 4,50 | 987,42 |

KOHL VERLAG Terme und Gleichungen von Anfang an - Bestell-Nr. 12 008

# 73 Wir rechnen mit Zinsen

Auch die Banken und Sparkassen rechnen mit Prozent.
Sie geben nämlich auf eingezahltes Geld sogenannte **Zinsen** oder berechnen für entliehenes Geld **Zinsen**.
Das eingezahlte oder geliehene Geld bezeichnet man als das **Kapital (K)**.
Wenn du also 500 € auf z. B. ein Festgeldkonto einzahlst,
erhöht sich dein Kontostand nach einem Jahr auf 512,50 €,
weil dir die Bank 2,5 % Zinsen auf dein Kapital gibt.
Der **Zinssatz (p)** von 2,5 % kann sich natürlich verändern.
Die Abkürzung für die **Zinsen** in Höhe von 12,50 € lautet **Z**.

Die Formel zur Berechnung der Zinsen lautet: $Z = \frac{K \cdot p}{100}$

Stelle die Formel um nach K und p und ergänze die unten stehende Tabelle.

| **K (€)** | 2326 | 10560 | | 600 | 920 | 8652 | |
|---|---|---|---|---|---|---|---|
| **p (%)** | 4,5 | 3 | 5,25 | | 1,8 | | 7,5 |
| **Z (€)** | | | 450,45 | 40,50 | | 1038,24 | 111,00 |

$Z = \frac{K \cdot p}{100}$ $K = \frac{100 \cdot Z}{p}$ $p = \frac{100 \cdot Z}{K}$

| **K (€)** | 2326 | 10560 | 8580 | 600 | 920 | 8652 | 1480 |
|---|---|---|---|---|---|---|---|
| **p (%)** | 4,5 | 3 | 5,25 | 6,75 | 1,8 | 12 | 7,5 |
| **Z (€)** | 104,67 | 316,80 | 450,45 | 40,50 | 16,56 | 1038,24 | 111,00 |

KOHL VERLAG Terme und Gleichungen von Anfang an - Bestell-Nr. 12 008

# Bei Zinsen spielt die Zeit eine Rolle

Die Höhe der Zinsen ist nicht nur vom Prozentsatz und dem Kapital abhängig, sondern auch von der **Zeit**. Wenn jemand sein Geld einer Bank für ein Jahr überlässt, dann erhält er doppelt so viele Zinsen wie jemand, der die gleiche Summe nur ein halbes Jahr anlegt. Ist ja logisch, denn sonst würde jeder sein Geld zur Bank bringen, es am nächsten Tag wieder abholen und die Zinsen für ein Jahr kassieren. Da würde aber keine Bank der Welt mitspielen.

Die **Zeit (t)** wird immer in Jahren angegeben. Nun muss man wissen, dass im Bankwesen ein Jahr 360 Tage hat und jeder Monat, egal ob Februar oder März, genau 30 Tage lang ist.

Wenn also die Zeit mit 7 Monaten angegeben ist, rechnest du mit $\frac{7}{12}$ Jahr. = m

Wenn also die Zeit mit 127 Tagen angegeben ist, rechnest du mit $\frac{127}{360}$ Jahr. = t

Die Formel zur Berechnung der Zinsen unter Berücksichtigung des Zeitfaktors lautet:

t für Tage $Z = \frac{K \cdot p \cdot t}{100 \cdot 360}$ $Z = \frac{K \cdot p \cdot m}{100 \cdot 12}$ m für Monate

Berechne einmal, wie viele Zinsen die Bank für ein Kapital von 240 000 € bei einem Zinssatz von 6,25 % für 5 Monate bezahlt.

Die Formel zur Berechnung der Zinsen unter Berücksichtigung des Zeitfaktors lautet:

$$Z = \frac{K \cdot p \cdot m}{100 \cdot 12}$$

Berechne einmal, wie viele Zinsen die Bank für ein Kapital von 240 000 € bei einem Zinssatz von 6,25 % für 5 Monate bezahlt.

$$Z = \frac{240000\text{ €} \cdot 6{,}25 \cdot 5}{100 \cdot 12}$$

$$Z = 6250\text{ €}$$

KOHL VERLAG Terme und Gleichungen von Anfang an - Bestell-Nr. 12 008

# 75 Pronto, pronto, Geld auf's Konto

Die Formel zur Berechnung der Zinsen unter Berücksichtigung des Zeitfaktors lautet:

$$Z = \frac{K \cdot p \cdot t}{100 \cdot 360}$$

Stelle die Formel um nach K, p und t und fülle dann die Tabelle aus.

K =

p =

t =

**Achtung:**
**Ein Monat hat im Bankwesen immer 30 Tage und das Jahr 360 Tage.**

| K (in €) | 53400 | | 846000 | 800 | | 2400 | 10800 |
|---|---|---|---|---|---|---|---|
| p (in %) | 4 | 9,5 | | 2,25 | $4\frac{3}{4}$ | | 5,5 |
| Z (in €) | | 8193,75 | 6873,75 | 15 | 1011,75 | 126,00 | 140,25 |
| t | 7 Monate | 135 Tage | 45 Tage | | 20 Tage | $\frac{3}{4}$ Jahr | |

Die Formel zur Berechnung der Zinsen unter Berücksichtigung des Zeitfaktors lautet:

$$Z = \frac{K \cdot p \cdot t}{100 \cdot 360}$$

Stelle die Formel um nach K, p und t und fülle dann die Tabelle aus.

$$K = \frac{Z \cdot 100 \cdot 360}{p \cdot t}$$

$$p = \frac{Z \cdot 100 \cdot 360}{K \cdot t}$$

$$t = \frac{Z \cdot 100 \cdot 360}{p \cdot K}$$

**Achtung:**
**Ein Monat hat im Bankwesen immer 30 Tage und das Jahr 360 Tage.**

| K (in €) | 53400 | 230000 | 846000 | 800 | 383400 | 2400 | 10800 |
|---|---|---|---|---|---|---|---|
| p (in %) | 4 | 9,5 | 6,5 | 2,25 | $4\frac{3}{4}$ | 7 | 5,5 |
| Z (in €) | 1246 | 8193,75 | 6873,75 | 15 | 1011,75 | 126,00 | 140,25 |
| t | 7 Monate | 135 Tage | 45 Tage | 10 Monate | 20 Tage | $\frac{3}{4}$ Jahr | 85 Tage |

KOHL VERLAG Terme und Gleichungen von Anfang an - Bestell-Nr. 12 008

# Wir wandeln in mathematische Sprache um

Von welcher Zahl ist das Doppelte, vermehrt um 54, genauso groß wie das Fünffache dieser Zahl?

| Text | Mathematikersprache |
|---:|---|
| Von welcher Zahl | $x$ |
| das Doppelte der Zahl | $2x$ |
| das Doppelte der Zahl vermehrt um 54 | $2x + 54$ |
| genauso groß wie | $2x + 54 =$ |
| das Fünffache der Zahl | $2x + 54 = 5x$ |

Die gesuchte Zahl ist 18 $\quad L = \{ 18 \}$

Setze in Mathematikersprache um und löse:

a) Von welcher Zahl ist das Siebenfache, vermindert um 54, genauso groß wie das Vierfache dieser Zahl?

b) Von welcher Zahl ergeben das Vier- und das Siebenfache zusammen 176?

c) Das Fünffache einer Zahl, vermindert um 7, ist so groß wie das Doppelte dieser Zahl, vermehrt um 5.



---

76

Von welcher Zahl ist das Doppelte, vermehrt um 54, genauso groß wie das Fünffache dieser Zahl?

| Text | Mathematikersprache |
|---:|---|
| Von welcher Zahl | $x$ |
| das Doppelte der Zahl | $2x$ |
| das Doppelte der Zahl vermehrt um 54 | $2x + 54$ |
| genauso groß wie | $2x + 54 =$ |
| das Fünffache der Zahl | $2x + 54 = 5x$ |

Die gesuchte Zahl ist 18 $\quad L = \{ 18 \}$

Setze in Mathematikersprache um und löse:

a) Von welcher Zahl ist das Siebenfache, vermindert um 54, genauso groß wie das Vierfache dieser Zahl?

$7x - 54 = 4x \qquad L = \{ 18 \}$

b) Von welcher Zahl ergeben das Vier- und das Siebenfache zusammen 176?

$4x + 7x = 176 \qquad L = \{ 16 \}$

c) Das Fünffache einer Zahl, vermindert um 7, ist so groß wie das Doppelte dieser Zahl, vermehrt um 5.

$5x - 7 = 2x + 5 \qquad L = \{ 4 \}$

KOHL VERLAG Terme und Gleichungen von Anfang an - Bestell-Nr. 12 008

# 77 Auch Eierhändler müssen mit jedem Cent rechnen

Ganz fies sind Textaufgaben, bei denen man allein für den Ansatz schon ellenlang Bedenkzeit nehmen muss.

*Der Eierhändler Alois Kerckhoff aus Erle/Raesfeld bietet Freilandeier zu 14 Cent, Eier aus Legebatterien zu 12 Cent je Stück an. An einem Tag hat er für insgesamt 2400 verkaufte Eier 324 € eingenommen. Ihm ist ein kleines Missgeschick passiert, denn der Zettel, auf dem er notiert hatte, wie viele Eier aus Freilandhaltung bzw. Legebatterien stammten, ist ihm abhanden gekommen. Er muss aber seine Lieferanten bezahlen. Also kommt er ins Grübeln.*

»Also nehme ich einmal an, ich habe x Freilandeier zu 0,14 € verkauft. Dann muss ich doch dafür x • 0,14 € eingenommen haben.«

»Wenn ich x Freilandeier verkauft habe, kann ich nur noch 2400 – x Eier aus Legebatterien verkauft haben, oder?«

*Wenn dir Alois Kerckhoffs Überlegungen noch nicht ganz geheuer sind, dann mache es dir an einem Zahlenbeispiel klar.*
*Er hat 900 Freilandeier verkauft, dann muss er 1500 Eier aus Legebatterien verkauft haben.*
*Er hat 40 Freilandeier verkauft, dann muss er 2360 Eier aus Legebatterien verkauft haben.*
*Er hat 1000 Freilandeier verkauft, dann muss er 1400 Eier aus Legebatterien verkauft haben.*

»Für diese 2400 – x Eier muss ich ja (2400 – x) • 0,12 € eingenommen haben.«

»Insgesamt habe ich 324 € eingenommen.«

Damit ist der Ansatz klar:

$$\mathbf{0{,}14 \cdot x + 0{,}12 \cdot (2400 - x) = 324}$$

Hilf Alois einmal und rechne für ihn aus, wie viele Eier jeder Sorte er verkauft hat.



---

77

$$\mathbf{0{,}14 \cdot x + 0{,}12 \cdot (2400 - x) = 324}$$

$$\begin{aligned} 0{,}14 \cdot x + 0{,}12 \cdot (2400 - x) &= 324 \\ 0{,}14 \cdot x + 288 - 0{,}12 \cdot x &= 324 \\ 0{,}02 \cdot x + 288 &= 324 \\ 0{,}02 \cdot x &= 36 \\ x &= 1800 \end{aligned}$$

Wie berechnet man die Anzahl der Eier aus Legebatterien?
Klar: 2400 – 1800 = 600.

Er hat 1800 Freilandeier und 600 Eier aus Legebatterien verkauft.

# Das ganze noch einmal mit Wein und Kartoffeln

Wenn du die vorherige Aufgabe mit den Eiern richtig verstanden hast, dann wird es nicht schwer sein, den Ansatz für die folgenden Aufgaben zu finden.
Die Lösungen sind dann nur noch eine reine Formsache für dich.

***1.*** *Winzer Sorethroat füllt ein 25 000 ℓ - Weinfass um in 0,7 ℓ - Flaschen und 0,5 ℓ - Flaschen. Insgesamt benötigt er 38 000 Flaschen.*
*Wie viele Flaschen jeder Sorte hat er gefüllt?*

***2.*** *Der Bio-Kartoffelhändler Maximilian Knolle verkaufte insgesamt 500 kg Bio-Kartoffeln der Sorte Hansa zu 0,65 € je kg und der fest kochenden Sorte Sieglinde zu 0,85 € je kg.*
*Seine Tageseinnahme betrug genau 381 €.*
*Wie viele kg jeder Sorte hat er verkauft?*

---

**78**

**1.** $\mathbf{0{,}7 \cdot x + 0{,}5 \cdot (38000 - x) = 25000}$

$$\begin{aligned} 0{,}7 \cdot x + 0{,}5 \cdot (38000 - x) &= 25000 \\ 0{,}7 \cdot x + 19000 - 0{,}5 \cdot x &= 25000 \\ 0{,}2 \cdot x + 19000 &= 25000 \\ 0{,}2 \cdot x &= 6000 \\ x &= 30000 \end{aligned}$$

Er braucht 30 000 Flaschen zu 0,7 ℓ und 8 000 Flaschen zu 0,5 ℓ.

**2.** $\mathbf{0{,}65 \cdot x + 0{,}85 \cdot (500 - x) = 381}$

$$\begin{aligned} 0{,}65 \cdot x + 0{,}85 \cdot (500 - x) &= 381 \\ 0{,}65 \cdot x + 425 - 0{,}85 \cdot x &= 381 \\ -0{,}20 \cdot x + 425 &= 381 \\ -0{,}20 \cdot x &= -44 \\ x &= 220 \end{aligned}$$

Er verkauft 220 kg Hansa und 280 kg Sieglinde.

KOHL VERLAG Terme und Gleichungen von Anfang an - Bestell-Nr. 12 008

# Und jetzt wird kräftig gemischt

Häufig braucht man auch Gleichungen im sogenannten **Mischungsrechnen**. Solltest du einmal eine Bäcker- oder Konditorlehre beginnen oder Chemielaborant werden wollen, dann wird man dich damit sehr quälen. Was muss man sich unter diesem Mischungsrechnen vorstellen? Ein Beispiel soll es dir klar machen.

*Der chinesische Weingummihersteller Harry Buh mischt für seine Kindertüte KOKOLORES zwei Sorten Weingummi zusammen. Die eine Sorte kostet 16,10 € je kg, die andere 13,10 € je kg.*
*Wie viele kg jeder Sorte sind in 60 kg der Mischung, die Harry für 14 € je kg verkauft?*

Für den Ansatz hilft ein Schema, das du mit den bisher bekannten Gegebenheiten auffüllst:

| | Menge in kg | Preis je kg in € | Gesamtpreis in € |
|---|---|---|---|
| **1. Sorte** | | 16,10 | |
| **2. Sorte** | | 13,10 | |
| **Mischung** | 60 | 14,00 | |

Du legst eine Variable x fest. x sei die Anzahl kg der 1. Sorte. Alles andere ergibt sich fast wie von selbst:

| | Menge in kg | Preis je kg in € | Gesamtpreis in € |
|---|---|---|---|
| **1. Sorte** | x | 16,10 | 16,10 • x |
| **2. Sorte** | 60 – x | 13,10 | 13,10 • (60 – x) |
| **Mischung** | 60 | 14,00 | 840 |

Da Harry Buh ein ehrlicher Weingummihersteller ist, verkauft er die Mischung natürlich nicht teurer als die beiden Sorten zusammen wert sind, daher gilt:

$$16{,}10 \cdot x + 13{,}10 \cdot (60 - x) = 840$$

Rechne schnell aus, wie viele kg jeder Sorte zusammengemixt wurden.

KOHL VERLAG Terme und Gleichungen von Anfang an - Bestell-Nr. 12 008

---

| | Menge in kg | Preis je kg in € | Gesamtpreis in € |
|---|---|---|---|
| **1. Sorte** | | 16,10 | |
| **2. Sorte** | | 13,10 | |
| **Mischung** | 60 | 14,00 | |

| | Menge in kg | Preis je kg in € | Gesamtpreis in € |
|---|---|---|---|
| **1. Sorte** | x | 16,10 | 16,10 • x |
| **2. Sorte** | 60 – x | 13,10 | 13,10 • (60 – x) |
| **Mischung** | 60 | 14,00 | 840 |

+ =

$$16{,}10 \cdot x + 13{,}10 \cdot (60 - x) = 840$$

$$\begin{aligned}
16{,}10 \cdot x + 13{,}10 \cdot (60 - x) &= 840 \\
16{,}10 \cdot x + 786 - 13{,}10 \cdot x &= 840 \\
3 \cdot x + 786 &= 840 \\
3 \cdot x &= 54 \\
x &= 18
\end{aligned}$$

Harry Buh mischt also 18 kg der ersten Sorte zusammen mit 42 kg der zweiten Sorte.

KOHL VERLAG Terme und Gleichungen von Anfang an - Bestell-Nr. 12 008

# Weiterer Mischmasch mit Wein und Tee

Mit Hilfe der Schemata fällt es dir sicherlich nicht schwer, die Ansätze für die beiden Aufgaben zu finden. Die Lösungen schaffst du sicher auch noch.

1. *Der Winzer Winepunch »verschneidet« 220 ℓ Wein, der 2,65 € je ℓ kostet, mit Wein, der 1,85 € je ℓ kostet. Diese Mischung verkauft er für 2,40 € je Literflasche. Wie viel ℓ Wein der 2. Sorte hat er genommen?*

| | Menge in ℓ | Preis je ℓ in € | Gesamtpreis in € |
|---|---|---|---|
| 1. Sorte | | | |
| 2. Sorte | | | |
| Mischung | | | |

2. *Der Teehändler Mr Teaspoon mischt 32 kg Darjeelingtee zu 12,80 € je kg mit dem billigeren Ceylontee Old Horseshoe zu 9,20 € je kg und verkauft ein kg dieser Mischung für 10 €.*

| | Menge in kg | Preis je kg in € | Gesamtpreis in € |
|---|---|---|---|
| 1. Sorte | | | |
| 2. Sorte | | | |
| Mischung | | | |

Terme und Gleichungen von Anfang an - Bestell-Nr. 12 008
KOHL VERLAG

| | Menge in ℓ | Preis je ℓ in € | Gesamtpreis in € |
|---|---|---|---|
| 1. Sorte | 220 | 2,65 | 583 |
| 2. Sorte | x | 1,85 | 1,85 • x |
| Mischung | 220 + x | 2,40 | 2,40 • (220 + x) |

$$\mathbf{583 + 1{,}85 \cdot x = 2{,}40 \cdot (220 + x)}$$
$$583 + 1{,}85 \cdot x = 528 + 2{,}40 \cdot x$$
$$55 + 1{,}85 \cdot x = 2{,}40 \cdot x$$
$$55 = 0{,}55 \cdot x$$
$$100 = x$$

Er nimmt von der 2. Sorte 100 ℓ, in der Mischung sind dann 320 ℓ.

| | Menge in kg | Preis je kg in € | Gesamtpreis in € |
|---|---|---|---|
| 1. Sorte | 32 | 12,80 | 409,60 |
| 2. Sorte | x | 9,20 | 9,20 • x |
| Mischung | 32 + x | 10,00 | 10 • (32 + x) |

$$\mathbf{409{,}60 + 9{,}20 \cdot x = 10 \cdot (32 + x)}$$
$$409{,}60 + 9{,}20 \cdot x = 320 + 10 \cdot x$$
$$89{,}60 + 9{,}20 \cdot x = 10 \cdot x$$
$$89{,}60 = 0{,}80 \cdot x$$
$$112 = x$$

Er nimmt 112 kg der 2. Sorte, in der Mischung sind dann 144 kg.

Terme und Gleichungen von Anfang an - Bestell-Nr. 12 008
KOHL VERLAG

# Auch mit Zinsen kann man mischen

Auch für die Zinsrechnung kommt man bei kniffligen Aufgaben mit einem Schema weiter. Du musst beim Ansatz nur überlegen, welche Zinsen höher sind. Du bildest dann die Summe oder die Differenz und schon hast du den Ansatz.

**1.** *Mr Moneymaker hat auf zwei Konten zusammen 15 000 € deponiert. Beim ersten Konto erhält er 4,5 % Zinsen, beim zweiten 5 %. Die Zinsen für das 1. Kapital sind um 57,50 € höher als die Zinsen für das 2. Kapital. Wie viel Geld liegt auf den einzelnen Konten?*

| | Kapital in € | p in % | Zinsen in € |
|---|---|---|---|
| **1. Konto** | | | |
| **2. Konto** | | | |

**2.** *Mr Housebuilder hat für sein Haus zwei Hypotheken aufnehmen müssen. Die zweite Hypothek ist um 20 000 € höher als die erste. Für die 1. Hypothek muss er 7,25 %, für die 2. Hypothek 8 % Zinsen aufbringen. Das macht jährlich die stolze Summe von 9225 € aus. Wie hoch ist die 1. Hypothek?*

| | Kapital in € | p in % | Zinsen in € |
|---|---|---|---|
| **1. Hypothek** | | | |
| **2. Hypothek** | | | |



---

**81**

| | Kapital in € | p in % | Zinsen in € |
|---|---|---|---|
| **1. Konto** | x | 4,5 | $\frac{4,5x}{100}$ |
| **2. Konto** | 15000 – x | 5 | $\frac{5 \cdot (15000 - x)}{100}$ |

$$\mathbf{0,045 \cdot x - 0,05 \cdot (15000 - x) = 57,50}$$
$$0,045 \cdot x - 750 + 0,05 \cdot x = 57,50$$
$$0,095 \cdot x - 750 = 57,50$$
$$0,095 \cdot x = 807,50$$
$$x = 8500$$

Er hat auf dem 1. Konto 8500 €, auf dem 2. Konto 6500 €.

| | Kapital in € | p in % | Zinsen in € |
|---|---|---|---|
| **1. Hypothek** | x | 7,25 | $\frac{7,25 \cdot x}{100}$ |
| **2. Hypothek** | x + 20000 | 8 | $\frac{8 \cdot (x + 20000)}{100}$ |

$$\mathbf{0,0725 \cdot x + 0,08 \cdot (x + 20000) = 9225}$$
$$0,0725 \cdot x + 0,08 \cdot x + 1600 = 9225$$
$$0,1525 \cdot x + 1600 = 9225$$
$$0,1525 \cdot x = 7625$$
$$x = 50000$$

Die 1. Hypothek beläuft sich auf 50000 €, die zweite auf 70000 €.

KOHL VERLAG Terme und Gleichungen von Anfang an - Bestell-Nr. 12 008

# Hier wird Alkohol gemischt

In der Chemie wird sehr häufig gemischt, speziell auch mit Weingeist, also Spiritus. Du musst lediglich wissen, was es heißt, wenn Spiritus 40 %ig ist. Das bedeutet, dass 1 ℓ Spiritus 0,4 ℓ reinen Alkohol enthält und 0,6 ℓ sind Wasser.

1. *Schnapsbrenner Rainer Fusel mischt 30 ℓ 40 %igen Spiritus mit 50 ℓ 32 %igen Spiritus. Berechne den Prozentgehalt seiner Mischung.*

| | Menge in ℓ | Gehalt in Prozent | Anteil reiner Alkohol in ℓ |
|---|---|---|---|
| 1. Sorte | | | |
| 2. Sorte | | | |
| Mischung | | | |

2. *Sein Kollege Sam Dummbirne mischt 52 ℓ 40 %igen Spiritus mit 60 %igen Spiritus. Seine Mischung weist einen Alkoholgehalt von 47 % auf. Wie viel ℓ der zweiten Sorte hat er hinzugepanscht?*

| | Menge in ℓ | Gehalt in Prozent | Anteil reiner Alkohol in ℓ |
|---|---|---|---|
| 1. Sorte | | | |
| 2. Sorte | | | |
| Mischung | | | |



**82**

| | Menge in ℓ | Gehalt in Prozent | Anteil reiner Alkohol in ℓ |
|---|---|---|---|
| 1. Sorte | 30 | 40 | 30 • 0,40 = 12 |
| 2. Sorte | 50 | 32 | 50 • 0,32 = 16 |
| Mischung | 80 | x | 80 • 0,01 • x |

$$80 \cdot \frac{x}{100} = 12 + 16$$

$$x = 35$$

Die Mischung wird 35 %ig.

| | Menge in ℓ | Gehalt in Prozent | Anteil reiner Alkohol in ℓ |
|---|---|---|---|
| 1. Sorte | 52 | 40 | 20,8 |
| 2. Sorte | x | 60 | 0,60 • x |
| Mischung | 52 + x | 47 | 0,47 • (52 + x) |

$$\mathbf{20{,}8 + 0{,}60 \cdot x = 0{,}47 \cdot (52 + x)}$$

$$20{,}8 + 0{,}60 \cdot x = 24{,}44 + 0{,}47 \cdot x$$

$$0{,}60 \cdot x = 3{,}64 + 0{,}47 \cdot x$$

$$0{,}13 \cdot x = 3{,}64$$

$$x = 28$$

Er nimmt 28 ℓ der 60 %igen Sorte, in der Mischung sind dann 80 ℓ.

# 83 Und zum Abschluss wird geknobelt

Damit bist du am Ende angelangt. Ich hoffe, es hat dir ein wenig Spaß gemacht. Zum Abschluss eine Knobelaufgabe, die auf den ersten Blick nur wenig mit Gleichungen zun tun hat.
Auf geht´s!

Ordne die Zahlen 21 - 29 so um, dass die Summe in jeder Zeile, in jeder Spalte und in jeder Diagonalen 75 ergibt.

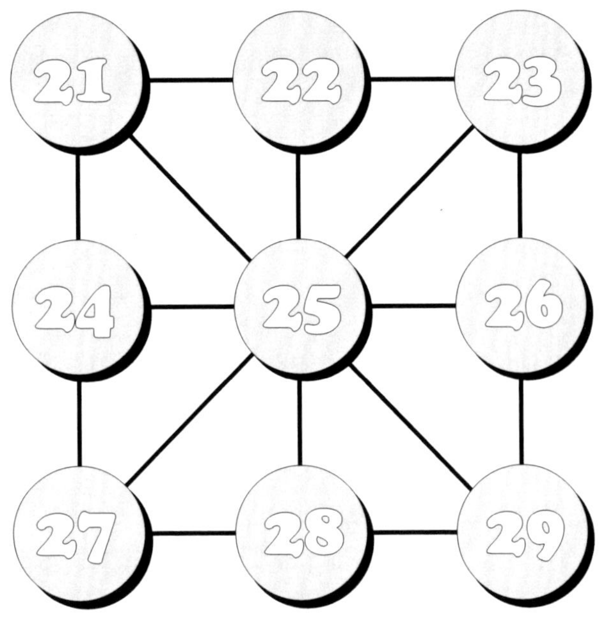




**83**

Eine Lösung siehst du hier.
Andere Möglichkeiten sind natürlich nicht ausgeschlossen, weil du diese Lösung ja mehrfach an diversen Achsen spiegeln kannst.

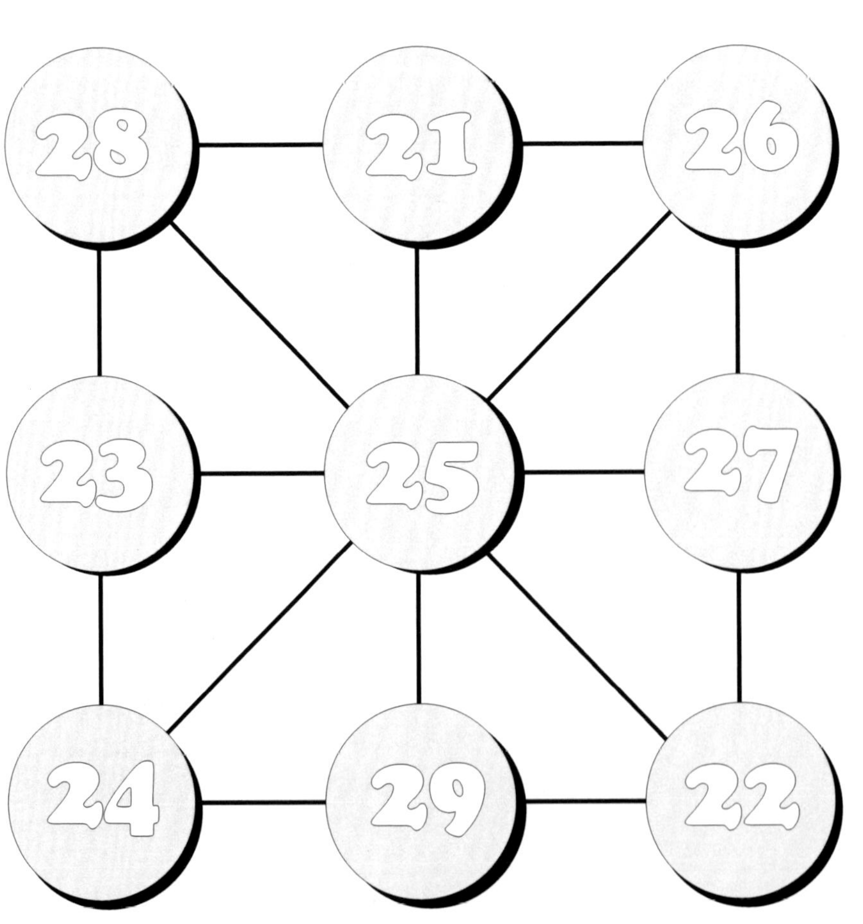